Jahresbericht

der

forstlich-phänologischen Stationen

Deutschlands.

Herausgegeben

im Auftrag

des Vereins Deutscher forstlicher Versuchsanstalten

von der

Grossh. Hessischen Versuchsanstalt

zu Giessen.

VI. Jahrgang. 1890.

Springer-Verlag Berlin Heidelberg GmbH
1892

ISBN 978-3-662-33535-2   ISBN 978-3-662-33933-6 (eBook)
DOI 10.1007/978-3-662-33933-6

Inhalts-Verzeichniss.

Einleitung.

—

Der vorliegende sechste Jahresbericht umfasst die Beobachtungs-Ergebnisse von 245 forstlich-phänologischen Stationen; 13 weniger als im Vorjahre.

Herr Forstassessor Berthold Walter zu Giessen hat dieselben zusammengestellt, sowie auch die begleitenden Bemerkungen verfasst. In der Form des Berichts ist keine Aenderung eingetreten.

Giessen, im October 1891.

Dr. Wimmenauer.

I. Verzeichniss

der

forstlich-phänologischen Stationen,

auf welchen im Jahre 1890 Beobachtungen angestellt worden sind.

I. F. V. A.*) Baden.

Ord.-No.	Station.	Beobachter.		Kreis.	Ungefähre Meereshöhe des Beobachtungs-gebietes. m
1	Baden-Baden	Oberförster	v. Bodmann	Baden	350
2	St. Blasien	„	Lubberger	Waldshut	800
3	Bonndorf	„	Klehe	„	900
4	Engen	„	Neuberger	Konstanz	550
5	Eppingen	„	Weismann	Heidelberg	200
6	Ettlingen	„	Schrickel	Karlsruhe	260
7	Freiburg	„	Huetlin	Freiburg	380
8	Gengenbach	„	Hübsch	Offenburg	320
9	Gerlachsheim	„	Greiner	Mosbach	290
10	Kandern	„	v. Teuffel	Lörrach	500
11	Kenzingen	„	Hamm	Freiburg	180
12	Lahr	„	Steiglehner	Offenburg	160
13	St. Leon	„	Wittmer	Heidelberg	110
14	Lörrach	„	Flachsland	Lörrach	370
15	Messkirch	„	Fischer	Konstanz	700
16	Schönau i. W.	„	Diesslin	Lörrach	900
17	Staufen	„	Thilo	Freiburg	700
18	Thiengen	„	Platz	Waldshut	450
19	Todtnau	„	Bell	Lörrach	1000
20	Villingen	„	v. Bodmann	Villingen	710
21	Waldkirch	„	Kurtz	Freiburg	725
22	Weinheim	„	Schmitt	Mannheim	250

*) F. V. A. = Forstliche Versuchs-Anstalt.

2. F. V. A. Braunschweig.

Ord.-No.	Station.	Beobachter.	Kreis.	Ungefähre Meereshöhe des Beobachtungsgebietes. m
1	Allrode	Oberförster Stolze	Blankenburg	390
2	Braunlage	„ Uhde	„	570
3	Harzburg	Förster Lüdecke	Wolfenbüttel	241
4	Heimburg	Oberförster v. Schwartz-koppen	Blankenburg	300
5	Hessen	Förster Decker	Wolfenbüttel	125
6	Hohegeiss	Oberförster Schreiber	Blankenburg	590
7	Lichtenberg	„ Bode	Wolfenbüttel	190
8	Marienthal	Förster de Lamare	Helmstedt	150
9	Riddagshausen	„ Bäbenroth	Braunschweig	75
10	Scharfoldendorf	Oberförster v. Specht	Holzminden	200
11	Todtenrode	Förster Ungnad	Blankenburg	375

3. F. V. A. Elsass-Lothringen.

Ord.-No.	Station.	Beobachter.	Verwaltungsbezirk.	Ungefähre Meereshöhe des Beobachtungsgebietes. m
1	Banzenheim	Revierförster Janton	Ober-Elsass	222
2	Daumen	Förster Krebs	Unter-Elsass	360
3	Diebolsheim	„ Wild	„	160
4	Eulenkopf	Revierförster Lehmann	Lothringen	210
5	Hagenau	Forsthilfsaufseher Baldauf	Unter-Elsass	145
6	Hirschkopf	Revierförster Göbel	„	700
7	Lutterbach	Förster Westram	„	265
8	Lützelbach	„ Müller	Ober-Elsass	500
9	Meierei	„ Frantz	Lothringen	800
10	Melkerei	„ Wiedrich	Unter-Elsass	930
11	Metzeral	Revierförster Abel	Ober-Elsass	650
12	Mombronn	„ Melzheimer	Lothringen	340
13	St. Peter	Förster Schoepfer	Unter-Elsass	525
14	Porcelette	„ Olbricht	Lothringen	290
15	Rittershofen	Gemeindeförster Stirn	Unter-Elsass	140
16	Sierck	Oberförster Deneke	Lothringen	250
17	Thierenbach	Hegemeister Leseux	Ober-Elsass	500
18	Urbeis	Förster Lademann / „ Hamann	„	850
19	Walscheid	Revierförster Rember	Lothringen	490

4. F. V. A. Hessen.

Ord.-No.	Station.	Beobachter.	Provinz.	Ungefähre Meereshöhe des Beobachtungsgebietes. m
1	Alsfeld	Oberförster Haberkorn	Oberhessen	265
2	Alzey	„ Freih. Schenck zu Schweinsberg	Rheinhessen	160
3	Beerfelden	„ Koehler	Starkenburg	400
4	Bingenheim	Forstwart Lohfing	Oberhessen	120
5	Blofeld	„ Fischer	„	120
6	Bremhof	Oberförster Klietsch	Starkenburg	455
7	Büdingen	„ Leo	Oberhessen	136
8	Dorf-Erbach	Forstwart Gölz	Starkenburg	230
9	Feldkrücken	„ Meyer	Oberhessen	590
10	Finkenloch	„ Weitzel	„	260
11	Gedern	Oberförster Kirchner	„	370
12	Giessen	Professor Dr. Hoffmann	„	160
13	Grebenau	Oberförster Dr. Walther	„	380
14	Grebenhain	Bürgermeister Jost	„	450
15	Greifenhain	Oberförster Brill in Alsfeld	„	300
16	Gross-Bieberau	„ Spengler	Starkenburg	162
17	Gr.-Umstadt, a	Forstwart Zimmer	„	250
18	Gr.-Umstadt, b	„ Haag in Heubach	„	250
19	Hainbach	Oberförster Kutsch in Burg-Gemünden	Oberhessen	240
20	Haisterbach	Forstwart Hotz	Starkenburg	285
21	Heubach	„ Stauth	„	270
22	Homberg	Forstinspektor Landmann	Oberhessen	204
23	Kröckelbach	Forstwart Schütz	Starkenburg	240
24	Lissberg	„ Hartmann	Oberhessen	180
25	Mitteldick	„ Sauerwein	Starkenburg	132
26	Mönchhof	Oberförster Thurn	„	94
27	Nidda	Forstwart Liehr	Oberhessen	130
28	Ober-Klingen	„ Himmelheber	Starkenburg	190
29	Ober-Rosbach	Forstinspektor Strack	Oberhessen	163
30	Richen	„ Koeniger	Starkenburg	125
31	Rudingshain	Forstwart Tröller	Oberhessen	600
32	Schwiekartshausen	„ Konrad	„	271
33	Stockhausen	„ Eichenauer	„	350
34	Viernheim	Oberförster Rautenbusch	Starkenburg	100
35	Wahlen i. Oberh.	„ Stumpf	Oberhessen	350
36	Wahlen i. Odenw.	Forstwart Bayerer	Starkenburg	360
37	Wald-Michelbach	Oberförster Grünewald	„	360
38	Wembach	Forstwart Schneider zu Gr.-Bieberau	„	267
39	Wenings	„ Müller	Oberhessen	350

5. F. V. A. Preussen.

Ord.-No.	Station.	Beobachter.	Regierungs-bezirk.	Ungefähre Meereshöhe des Beobachtungs-gebietes. m
1	Ahrweiler	Gde.-Oberförster Delaforgue	Coblenz	100
2	Altenau	Kgl. Oberförster Nicolai	Hildesheim	650
3	Alt-Hammer	„ Revierförster Burich	Breslau	150
4	Altmorschen	„ Oberförster Rohnert	Cassel	350
5	Annarode	„ Förster Nicolai	Merseburg	370
6	Aurich	„ „ Röhrig	Aurich	10
7	Beurig	„ Oberförster Ilse	Trier	185
8	Biedenkopf	„ „ Irle	Wiesbaden	400
9	Bliedungen I	„ Förster Giesecke in Königsthal	Erfurt	215
10	Braetz	„ Oberförster Dressler	Posen	60
11	Broedlauken	„ „ Wohlfromm	Gumbinnen	50
12	Cappe	„ Revierförster Koch	Potsdam	50
13	Carlsberg	Forstsekretär Marschner	Breslau	690
14	Clötze	Kgl. Oberförster Panzer / „ Förster Mierzwa	Magdeburg	80
15	Dietzhausen	„ Oberförster Pfannstiel	Erfurt	450
16	Diez a L.	„ „ Mühlhausen	Wiesbaden	250
17	Dingken	„ „ Schneider	Gumbinnen	15
18	Dippmannsdorf	„ „ Rosenthal	Potsdam	60
19	Driedorf	„ „ Bertelsmann	Wiesbaden	550
20	Eberswalde	„ Hülfsjäger Thomas	Potsdam	40
21	Eichenberg	„ Hegemeister Bergfeld	Erfurt	300
22	Eichquast	„ Revierförster Krueger	Posen	90
23	Etville	„ Oberförster Zais	Wiesbaden	450
24	Elzerath	„ Revierförster Prigge	Trier	465
25	Escherode	„ Oberförster Manger	Hildesheim	380
26	Flörsbach	„ „ Wickel	Cassel	440
27	Födersdorf	„ „ Eberts	Königsberg	45
28	Frankenau	„ „ Weis	Cassel	430
29	Freyburg a. U.	„ „ Fitzau	Merseburg	210
30	Friedrichsrode	„ Förster Billeb	Erfurt	350
31	Friedrichsthal	„ Oberförst. Dan gen.Edelmann	Oppeln	140
32	Germerode	„ „ Ramsthal	Cassel	500
33	Glindfeld	„ „ v. Devivere	Arnsberg	430
34	Grammentin	„ „ Witzmann	Stettin	55
35	Habichtswald	Gde.-Revierförst.Rübenstahl	Münster	80
36	Heisterbacherrott	Forstaufseher Lödorf	Cöln	250
37	Hilders	Kgl. Forstassessor Gross	Cassel	500
38	Hohenholte	Forstaufseher Bethmann	Münster	60
39	Hollerath	Kgl. Förster Busch	Aachen	550

Ord.-No.	Station.	Beobachter.	Regierungs-bezirk.	Ungefähre Meereshöhe des Beobachtungsgebietes. m
40	Hüppelröttchen	Kgl. Förster Melchior	Cöln	420
41	Hürtgen b. Düren	„ Oberförster Hüger	Aachen	390
42	Ibenhorst	{ „ Forstmeister Reisch / „ Oberförster Aberg	Gumbinnen	10
43	St. Johann	„ Förster Lambrecht	Trier	220
44	Johannisburg	„ Oberförst. Krummhaar	Wiesbaden	120
45	Kirchberg	„ „ Frese	Coblenz	400
46	Klein-Briesen	„ Förster Korbsch	Oppeln	130
47	Königsthal (Bliedungen II)	„ Oberförster Baer	Erfurt	200
48	Kottwitz	„ Förster Seliger	Breslau	100
49	Kühndorf	„ „ Kleinschmidt	Erfurt	450
50	Kurwien	„ Oberförst. Rauschning	Gumbinnen	124
51	Kyllburg	„ „ Voigt	Trier	280
52	Lahnhof	„ Forstaufs. v. d. Nahmer	Arnsberg	600
53	Landeck	„ Oberförster Meix	Marienwerder	130
54	Leszno b. Schönsee	„ „ Kuntze	„	70
55	Lintzel	Provinzialförster Meyer	Lüneburg	95
56	Linz a. Rh.	Gde.-Oberförster Melsheimer	Coblenz	122
57	Lohhecken	Kgl. Revierförster Heinrich	Posen	90
58	Magdeburg	„ Oberförster Goedecke	Magdeburg	45
59	Minden in Westf.	„ „ v. Tenspolde	Minden	210
60	Mirau	„ „ Heym	Bromberg	95
61	Mirchau	„ Forstaufseher Simon	Danzig	250
62	Nesselgrund	„ Oberförster Lignitz	Breslau	550
63	Neuenheerse	„ Förster Merkel	Minden	300
64	Neuhaus	„ Oberförster Urff	Frankfurt a. O.	100
65	Neupfalz	„ „ Paulus	Coblenz	470
66	Neu-Sternberg	Professor Schering	Königsberg	10
67	Oberems	Kgl. Oberförst. Fhr. v. Bibra	Wiesbaden	450
68	Obernkirchen	„ „ Domeier	Minden	220
69	Oliva	„ „ Danz	Danzig	100
70	Paruschowitz	„ „ Müller	Oppeln	260
71	Pfeil	„ „ Sieg	Königsberg	5
72	Pflanzgarten	Gartenmeister Strelow	Stettin	80
73	Proskau	Kgl. Forstassessor Schmidt	Oppeln	160
74	Proskau Pomol. Inst.	Direktor Stoll	„	160
75	Ratzeburg	Kgl. Oberförster Nitsche	Königsberg	140
76	Ravensberg	„ Förster Jahn	Minden	200
77	Reinfeld	„ „ Deichgräber	Schleswig	40
78	Rogelwitz	„ Hegemeister Purrmann	Breslau	130
79	Rosengrund	„ Oberförster Freitag	Bromberg	95

Ord.-No.	Station.	Beobachter.	Regierungs-bezirk.	Ungefähre Meereshöhe des Beobachtungs-gebietes. m
80	Rothebude bei Neuendorf	Kgl. Oberförster Brettmann	Gumbinnen	120
81	Rothenfier	„ „ Bornmüller	Stettin	56
82	Rüthnick	„ „ Goedeckemeyer	Potsdam	30
83	Sadlowo	„ „ Bollig	Königsberg	100
84	Sassenberg	„ Waldwärter Hölker	Münster	60
85	Saupark b. Springe	„ Oberförster Hesse	Hannover	100
86	Schirpitz	„ „ Gensert	Bromberg	55
87	Schmiedefeld	„ Forstaufseher Eisenträger	Erfurt	700
88	Schönwalde	„ Oberförster Oehme	Potsdam	40
89	Schoo	„ Hilfsjäger Wildberger	Aurich	3
90	Schwarza	„ Oberförster Bormann	Erfurt	450
91	Siegburg	„ „ Reusch	Cöln	60
92	Sonnenberg	„ Förster Lindau	Hildesheim	770
93	Steinerkrug	„ Forstaufseher Waschke	Königsberg	26
94	Thomashuus	„ „ Behling	Schleswig	30
95	Torgelow	„ Oberförster Behrendt	Stettin	10
96	Tornau	„ „ v. Wangclin	Merseburg	120
97	Ullersdorf b. Liebau	„ „ Arndt	Liegnitz	700
98	Wardböhmen	„ „ Lantzius-Beninga	Lüneburg	120
99	Wolfgang b. Hanau	„ „ Fenner	Cassel	120
100	Woltersdorf	„ „ Hassenpflug	Potsdam	60
101	Wünnenberg	{ „ „ Auffarth „ Förster Filsner	Minden	300
102	Zerrin	„ Oberförster Dreger	Cöslin	220

6. F. V. A. Thüringen.

Ord.-No.	Station.	Beobachter.	Staat.	Ungefähre Meereshöhe des Beobachtungsgebietes m
1	Arnstadt	Oberförster Günzel	Schwarzburg-Sondershausen	320
2	Bebra	„ Brocke	„	260
3	Ebersdorf	Waldwärter Nagler	Reuss j. L.	520
4	Erbenhausen	Oberförster Böttner	Sachsen-Weimar	620
5	Ernsee	„ Hempel	Reuss j. L.	230
6	Ernstthal	Förster Neumann	Sachs.-Meiningen	490
7	Frauensee	Oberförster Stichling	Sachsen-Weimar	340
8	Gera	„ Eck	Reuss j. L.	250
9	Hasenthal	„ Götz	Sachs.-Meiningen	735
10	Heinrichsruh bei Schleiz	Forstassessor Jahn	Reuss j. L.	510
11	Heldburg	Oberförster Liebmann	Sachs.-Meininden	340
12	Heyda	„ Feuchter	Sachsen-Weimar	445
13	Lehmannsbrück	Revierförster Eckstein	Schwarzburg-Sondershausen	440
14	Mürschnitz	Förster Menzel / Forstwart Birnstine	Sachs.-Meiningen	560
15	Oberspier	Oberförster Spannaus	Schwarzburg-Sondershausen	350
16	Pöllwitz	„ Adler	Reuss j. L.	435
17	Rathsfeld	Revierförster Reisland	Schwarzburg-Rudolstadt	380
18	Rodacherbrunn	Oberförster Weissker	Reuss j. L.	682
19	Saalburg	Forstwart Spörl	„	340
20	Seega	Revierförster Berninger	Schwarzburg-Rudolstadt	250
21	Tautenburg	Oberförster Mihm	Sachsen-Weimar	250
22	Weimar	Forstassistent Wenzel	„	210
23	Weissenburg	Oberförster Eberlein	Sachs.-Meiningen	210
24	Wurzbach	„ Wachter	Reuss j. L.	565

7. F. V. A. Württemberg.

Ord.-No.	Station.	Beobachter.	Kreis.	Ungefähre Meereshöhe des Beobachtungsgebietes. m
1	Altensteig	Oberförster Stock	Schwarzwaldkreis	565
2	Bietigheim	„ Fribolin	Neckarkreis	250
3	Blaubeuren	Forstrath Pfizenmayer	Donaukreis	600
4	Crailsheim	Oberförster Haehnle	Jagstkreis	500
5	Dietenheim	„ Karrer	Donaukreis	510
6	Geislingen	„ Schlipf	„	470
7	Güglingen	„ Krieger	Neckarkreis	350
8	Heidenheim	Forstmeister Prescher	Donaukreis	500
9	Heiligkreuzthal	Oberförster Spohn	„	570
10	Herrenalb	„ Hiller	Schwarzwaldkreis	550
11	Hohenheim	„ Romberg	Neckarkreis	460
12	Justingen	„ Plochmann	Donaukreis	700
13	Königsbronn	„ Schabel	Jagstkreis	590
14	Langenau	„ Bürger	Donaukreis	500
15	Langenbrand	Forstreferendär Krauss	Schwarzwaldkreis	700
16	Lichtenstern	Oberförster Müller	Neckarkreis	450
17	Neuenstadt	„ Schöttle	„	250
18	Neuffen	„ Muff	Schwarzwaldkreis	550
19	Niederstetten	„ Wittmann	Jagstkreis	310
20	Ochsenhausen	„ Völter	Donaukreis	600
21	Oehringen	„ Magenau	Jagstkreis	280
22	Reutlingen	„ Bofinger	Schwarzwaldkreis	425
23	Schönmünzach	„ Hauber	„	700
24	Tuttlingen	„ Schaeffer	„	750
25	Weissenau	„ Probst	Donaukreis	500
26	Wildberg	„ Mezger	Schwarzwaldkreis	450
27	Winnenden	„ Weysser	Neckarkreis	290
28	Zaisersweiher	„ Groner	„	320

II. Pflanzen-Beobachtungen.

Verzeichniss der Abkürzungen:

e. B.	=	Erste Blüthe.
B. O. s.	=	Blatt-Oberfläche sichtbar.
a. Bel.	=	Allgemeine Belaubung.
Bu. gr.	=	Buchwald grün.
Ei. gr.	=	Eichwald grün.
Beg. d. Sch.	=	Beginn des Schälens.
e. F.	=	Erste Frucht.
Anf. d. E.	=	Anfang der Ernte.
a. L. V.	=	Allgemeine Laub-Verfärbung.

Pflanzen.

mittl. Eintritt der Entwickl.-Phasen für Giessen.	Der Pflanzen Namen.	Art der Entwickl.-Phase.	Eintritt der Entwickl.-Phasen im Jahre 1890 an den Stationen:							
			Ahrweiler P.	Allrode Br.	Alsfeld H.	Altenau P.	Altensteig W.	Alt-Hammer P.	Altmorschen P.	Alzey H.
11. 2	Coryl. avell.	e. B.	22. 2	26. 3	26. 3	—	17. 2	10. 3	21. 1	25. 1
15. 3	Alnus glut.	e. B.	12. 3	28. 3	30. 3	15. 4	—	16. 3	22. 3	—
6. 4	Larix europ.	e. B.	8. 4	—	—	—	28. 3	16. 4	—	—
10. 4	Aesculus hipp.	B. O. s.	20. 3	10. 5	15. 4	20. 4	—	10. 4	20. 4	3. 4
12. 4	Ribes gross.	e. B.	8. 4	8. 5	16. 4	25. 4	20. 4	7. 4	8. 4	5. 4
13. 4	Acer plat.	e. B.	13. 4	7. 5	21. 4	5. 5	—	—	25. 4	3. 4
14. 4	Ribes rub.	e. B.	20. 4	6. 5	17. 4	8. 5	20. 4	20. 4	22. 4	12. 4
14. 4	Tilia grand.	B. O. s.	—	6. 5	7. 5	25. 4	—	25. 4	—	15. 4
17. 4	Larix europ.	B. O. s.	12. 4	8. 5	18. 4	—	5. 4	25. 4	—	—
17. 4	Betula alba.	e. B.	16. 4	9. 5	—	—	25. 4	12. 4	22. 4	—
18. 4	Prunus avium.	e. B.	20. 4	9. 5	28. 4	10. 5	24. 4	14. 4	17. 4	—
18. 4	Betula alba.	B. O. s.	18. 4	10. 5	18. 4	20. 4	24. 4	18. 4	26. 4	17. 4
19 4	Prunus spin.	e. B.	13. 4	10. 5	30. 4	—	21. 4	18. 4	26. 4	17. 4
19-21.4	Carpinus bet.	B.O.s-e.B.	26. 4	9. 5	—	—	—	7. 4	20. 4	—
20. 4	Aesculus hipp.	a. Bel.	14. 4	14. 5	25. 4	5. 5	—	18. 4	29. 4	14. 4
—	Betula pub.	B. O. s.	—	9. 5	—	—	—	—	—	—
—	Betula pub.	e. B.	—	—	—	—	—	—	—	—
21. 4	Fraxinus exc.	e. B.	26. 4	—	—	15. 5	—	—	6. 5	—
23. 4	Prunus pad.	e. B.	—	12. 5	—	—	—	18. 4	5. 5	—
23. 4	Pyrus comm.	e. B.	24. 4	9. 5	8. 5	—	25. 4	17. 4	1. 5	16. 4
24. 4	Fagus sylv.	B. O. s.	26. 4	2. 5	30. 4	15. 5	28. 4	2. 5	22. 4	23. 4
28. 4	Pyrus mal.	e. B.	6. 5	17. 5	10. 5	13. 5	6. 5	1. 5	10. 5	23. 4
1. 5	Vitis vinif.	B. O. s.	7. 5	24. 5	—	—	—	7. 5	10. 5	28. 4
1. 5	Quercus ped.	B. O. s.	3. 5	16. 5	6. 5	—	—	24. 4	5. 5	28. 4
—	Quercus sess.	B. O. s.	3. 5	20. 5	6. 5	—	—	—	5. 5	28. 4
2. 5	Acer pseud.	e. B.	—	13. 5	11. 4	20. 5	—	4. 5	9. 5	30. 4
3. 5	Fagus sylv.	Bu. gr.	1. 5	10. 5	6. 5	20. 5	—	5. 5	31. 4	2. 5
3. 5	Abies pect.	B. O. s.	9. 5	19. 5	—	20. 5	16. 5	4. 5	30. 4	—
4. 5	Syringa vulg.	e. B.	7. 5	16. 5	11. 5	—	—	7. 5	10. 5	—
5. 5	Abies exc.	B. O. s.	9. 5	18. 5	13. 5	20. 5	6. 5	8. 5	1. 5	3. 5
—	Quercus ped.	Beg.d.Sch.	23. 4	—	—	—	—	—	—	28. 4
—	Quercus sess.	Beg.d.Sch.	23. 4	—	—	—	—	—	—	28. 4
6. 5	Aesculus hipp.	e. B.	6. 5	22. 5	16. 5	25. 5	—	1. 5	15. 5	5. 5
9. 5	Crataegus ox.	e. B.	9. 5	25. 5	17. 5	21. 5	16. 5	6. 5	13. 5	8. 5
12. 5	Quercus ped.	e. B.	—	17. 5	—	—	—	28. 4	—	5. 5
—	Quercus sess.	e. B.	—	23. 5	—	—	—	—	—	—
12. 5	Spartium scop.	e. B.	8. 5	28. 5	15. 5	—	16. 5	7. 5	25. 5	8. 5
14. 5	Quercus ped.	Ei. gr.	8. 5	23. 5	12. 5	—	—	4. 5	20. 5	7. 5

Pflanzen.

mittl. Eintritt der Entwickl.-Phasen für Giessen.		Der Pflanzen		Eintritt der Entwickl.-Phasen im Jahre 1890 an den Stationen:							
	Namen.	Art der Entwickl.-Phase.	Ahrweiler P.	Allrode Br.	Alsfeld H.	Altenau P.	Altensteig W.	Alt-Hammer P.	Altmorschen P.	Alzey H.
—	Quercus sess.	Ei. gr.	8. 5	27. 5	12. 5	—	—	—	20. 5	7. 5
15. 5	Cytisus lab.	e. B.	9. 5	31. 5	18. 5	4. 6	—	10. 5	16. 5	9. 5
16. 5	Sorbus aucup.	e. B.	14. 5	25. 5	18. 5	27. 5	21. 5	5. 5	—	12. 5
17. 5	Pinus sylv.	e. B.	15. 5	—	20. 5	—	20. 5	16. 5	20. 5	—
28. 5	Sambucus nig.	e. B.	2. 6	30. 6	14. 6	19. 6	28. 5	25. 5	10. 6	24. 5
28. 5	Secale cer. hib.	e. B.	30. 5	10. 6	3. 6	—	2. 6	16. 5	1. 6	22. 5
31. 5	Pinus sylv.	B. O. s.	—	28. 6	19. 5	—	15. 6	10. 5	10. 5	—
31. 5	Rubus id.	e. B.	18. 6	12. 6	4. 6	18. 6	2. 6	26. 5	—	22. 5
2. 6	Robinia pseud.	e. B.	8. 6	28. 6	—	—	16. 6	25. 5	8. 6	24. 5
14. 6	Vitis vinif.	e. B.	—	20. 7	—	—	—	26. 5	—	17. 6
14. 6	Tritic. vulg. hib.	e. B.	—	—	26. 6	—	18. 6	12. 6	1. 7	20. 6
19. 6	Ligustrum vulg.	e. B.	18. 6	20. 7	28. 6	—	—	12. 6	25. 6	10. 6
20. 6	Ribes rub.	e. F.	17. 7	18. 7	—	23. 7	24. 6	16. 6	25. 6	18. 6
22. 6	Tilia grand.	e. B.	—	22. 7	—	10. 7	—	28. 6	—	20. 6
28. 6	Tilia parv.	e. B.	—	2. 8	14. 7	20. 7	—	1. 7	16. 7	24. 6
29. 6	Avena sat.	e. B.	—	20. 7	23. 6	—	5. 7	16. 6	—	24. 6
3. 7	Rubus id.	e. F.	15. 7	28. 7	14. 7	23. 7	7. 7	4. 7	16. 7	28. 6
6. 7	Prunus pad.	e. F.	—	—	—	—	—	25. 6	—	—
19. 7	Secale cer. hib.	Anf. d. E.	22. 7	18. 8	28. 7	—	2. 8	7. 7	27. 7	18. 7
31. 7	Sorbus aucup.	e. F.	—	10. 9	6. 8	27. 8	26. 7	26. 7	15. 8	—
2. 8	Sambucus nig.	e. F.	17. 8	—	—	30. 8	27. 8	28. 8	1. 9	14. 8
4. 8	Tritic. vulg. hib.	Anf. d. E.	14. 8	—	12. 8	—	16. 8	30. 8	12. 8	7. 8
9. 8	Avena sat.	Anf. d. E.	20. 8	23. 8	15. 8	—	27. 8	31. 8	1. 9	15. 8
10. 9	Ligustrum vulg.	e. F.	2. 9	—	—	—	—	10. 9	—	—
17. 9	Aesculus hipp.	e. F.	10. 9	28. 9	—	—	—	18. 9	—	15. 9
20. 9	Quercus ped.	e. F.	—	—	—	—	—	22. 9	—	—
—	Quercus sess.	e. F.	—	—	—	—	—	—	—	—
28. 9	Sorbus aucup.	a. L. V.	—	28. 9	14. 9	15. 10	26. 9	15. 9	—	—
10. 10	Aesculus hipp.	a. L. V.	30. 9	28. 9	—	—	—	15. 10	—	23. 9
13. 10	Betula alba.	a. L. V.	—	2. 10	15. 10	—	16. 10	15. 10	—	—
—	Betula pub.	a. L. V.	—	30. 9	—	—	—	—	—	—
14. 10	Fagus sylv.	a. L. V.	4. 10	—	8. 10	—	18. 10	18. 10	—	16. 10
19. 10	Quercus ped.	a. L. V.	13. 10	—	16. 10	—	—	20. 10	—	19. 10
—	Quercus sess.	a. L. V.	13. 10	—	16. 10	—	—	—	—	19. 10
21. 10	Larix europ.	a. L. V.	—	—	—	—	15. 10	22. 10	—	—
Durchschnittliche	Frühjahr		— 4	— 22	— 13	— 22	— 8	0	— 9	+ 2
Eintrittszeit der	Sommer		— 7	— 34	— 13	—	— 18	+ 8	— 12	— 3
Phänomene für	Herbst		+ 9	+ 13	+ 3	—	— 1	— 3	—	— 3

Pflanzen.

mittl. Eintritt der Entwickl.-Phasen für Giessen.	Namen.	Art der Entwickl.-Phase.	Annarode P.	Arnstadt Th.	Aurich P.	Baden-Baden B.	Banzenheim E.	Bebra Th.	Beerfelden H.	Beurig P.
11. 2	Coryl. avell.	e. B.	13. 3	10. 2	1. 2	13. 3	17. 3	—	24. 2	14. 1
15. 3	Alnus glut.	e. B.	22. 3	16. 3	10. 3	12. 3	—	—	—	20. 3
6. 4	Larix europ.	e. B.	—	6. 4	5. 4	28. 3	—	—	17. 4	31. 3
10. 4	Aesculus hipp.	B. O. s.	—	10. 4	18. 4	5. 4	—	—	19. 4	5. 4
12. 4	Ribes gross.	e. B.	20. 4	10. 4	19. 4	7. 4	14. 4	12. 4	20. 4	3. 4
13. 4	Acer plat.	e. B.	19. 4	9. 4	19. 4	4. 4	—	22. 4	—	3. 4
14. 4	Ribes rub.	e. B.	25. 4	12. 4	16. 4	15. 4	18. 4	—	—	4. 4
14. 4	Tilia grand.	B. O. s.	—	22. 4	20. 4	16. 4	—	—	—	16. 4
17. 4	Larix europ.	B. O. s.	11. 4	9. 4	12. 4	1. 4	—	15. 4	—	3. 4
17. 4	Betula alba.	e. B.	18. 4	22. 4	25. 4	6 4	—	—	—	12. 4
18. 4	Prunus avium.	e. B.	—	23. 4	20. 4	6. 4	17. 4	25. 4	20. 4	12. 4
18. 4	Betula alba.	B. O. s.	18. 4	23. 4	29. 4	14. 4	—	18. 4	14. 4	16. 4
19. 4	Prunus spin.	e. B.	—	23. 4	16. 4	10. 4	18. 4	—	—	17. 4
19-21.4	Carpinus bet.	B.O. s-e. B.	18. 4	22. 4	20. 4	16. 4	19. 4	28. 4	20. 4	12. 4
20. 4	Aescul. hipp.	a. Bel.	—	22. 4	25. 4	17. 4	—	17. 4	—	23. 4
—	Betula pub.	B. O. s.	—	22. 4	—	—	—	—	—	12. 4
—	Betula pub.	e. B.	—	22. 4	—	—	—	—	—	—
21. 4	Fraxinus exc.	e. B.	—	25. 4	26. 4	14. 4	—	10. 5	—	17. 4
23. 4	Prunus pad.	e. B.	—	27. 4	—	20. 4	—	—	—	—
23. 4	Pyrus. comm.	e. B.	—	27. 4	25. 4	14. 4	18. 4	—	—	17. 4
24. 4	Fagus sylv.	B. O. s.	19. 4	27. 4	20. 4	5. 4	—	16. 4	—	18. 4
28. 4	Pyrus mal.	e. B.	5. 5	30. 4	1. 5	28. 4	5. 5	—	—	1. 5
1. 5	Vitis vinif.	B. O. s.	4. 5	2. 5	5. 5	28. 4	—	—	—	4. 5
1. 5	Quercus ped.	B. O. s.	2. 5	2. 5	4. 5	16. 4	6. 5	10. 5	—	22. 4
—	Quercus sess.	B. O. s.	2. 5	2. 5	4. 5	16. 4.	—	—	—	24. 4
2. 5	Acer. pseud.	e. B.	4. 5	2. 5	26. 4	26. 4	—	—	—	26. 4
3. 5	Fagus sylv.	Bu. gr.	3. 5	5. 5	5. 5	3. 5	—	—	30. 4	25. 4
3. 5	Abies pect.	B. O. s.	—	12. 5	7. 5	2. 5	—	—	—	2. 5
4. 5	Syringa vulg.	e. B.	6. 5	4. 5	10. 5	3. 5	6. 5	—	—	28. 4
5. 5	Abies exc.	B. O. s.	6. 5	5. 5	3. 5	1. 5	—	—	—	29. 4
—	Quercus ped.	Beg. d.Sch.	—	5. 5	—	—	—	—	5. 5	3. 5
—	Quercus sess.	Beg. d.Sch.	—	5. 5	—	—	—	—	5. 5	5. 5
6. 5	Aesculus hipp.	e. B.	12. 5	10. 5	5. 5	9. 5	—	—	—	3. 5
9. 5	Crataegus ox.	e. B.	15. 5	12. 5	7. 5	9. 5	12. 5	—	—	1. 5
12. 5	Quercus ped.	e. B.	—	14. 5	9. 5	5. 5	10. 5	—	—	3. 5
—	Quercus sess.	e. B.	—	14. 5	13. 5	5. 5	—	—	—	6. 5
12. 5	Spartium scop.	e. B.	—	17. 5	16. 5	27. 4	—	—	—	10. 5
14. 5	Quercus ped.	Ei. gr.	15. 5	17. 5	15. 5	10. 5	14. 5	—	13. 5	10. 5

Pflanzen.

	Der Pflanzen		Eintritt der Entwickl.-Phasen im Jahre 1890 an den Stationen:							
mittl. Eintritt der Entwickl.-Phasen für Giessen.	Namen.	Art der Entwickl.-Phase.	Annarode P.	Arnstadt Th.	Aurich P.	Baden-Baden B.	Banzenheim E.	Bebra Th.	Beerfelden H.	Beurig P.
—	Quercus sess.	Ei. gr.	15. 5	17. 5	15. 5	10. 5	—	—	13. 5	10. 5
15. 5	Cytisus lab.	e. B.	21. 5	17. 5	28. 5	8. 5	—	—	—	11. 5
16. 5	Sorbus aucup.	. e. B.	21. 5	19. 5	21. 5	9. 5	19. 5	—	—	8. 5
17. 5	Pinus sylv.	e. B.	—	18. 5	18. 5	18. 5	19. 5	—	—	9. 5
28. 5	Sambucus nig.	e. B.	—	1. 6	1. 6	27. 5	30. 5	—	—	20. 5
28. 5	Secale cer. hib.	e. B.	28. 5	1. 6	9. 6	23. 5	26. 5	—	14. 6	24. 5
31. 5	Pinus sylv.	B. O. s.	20. 5	14. 5	18. 5	9. 5	12. 5	—	—	12. 5
31. 5	Rubus id.	e. B.	29. 5	5. 6	12. 6	14. 5	4. 6	—	—	30. 5
2. 6	Robinia pseud.	e. B.	—	5. 6	—	25. 5	31. 5	—	—	28. 5
14. 6	Vitis vinif.	e. B.	—	18. 6	25. 6	12. 6	—	—	—	15. 6
14. 6	Tritic. vulg. hib.	e. B.	24. 6	18. 6	15. 6	10. 6	13. 6	—	—	16. 6
19. 6	Ligustrum vulg.	e. B.	—	23. 6	27. 6	—	16. 6	—	—	24. 6
20. 6	Ribes rub.	e. F.	1. 7	22. 6	11. 6	18. 6	12. 6	—	—	1. 7
22. 6	Tilia grand.	e. B.	30. 6	23. 6	30. 6	14. 6	—	—	—	1. 7
28. 6	Tilia parv.	e. B.	—	28. 6	30. 6	14. 6	5. 7	—	—	3. 7
29. 6	Avena sat.	e. B.	2. 7	1. 7	23. 6	14. 7	1. 7	—	—	3. 7
3. 7	Rubus id.	e. F.	15. 7	7. 7	15. 7	11. 7	6. 7	—	—	5. 7
6. 7	Prunus pad.	e. F.	—	7. 7	—	8. 7	—	—	—	—
19. 7	Secale cer. hib.	Anf. d. E.	24. 7	24. 7	10. 7	15. 7	18. 7	—	25. 7	15. 7
31. 7	Sorbus aucup.	e. F.	10. 8	5. 8	15. 8	26. 7	15. 8	—	—	29. 7
2. 8	Sambucus nig.	e. F.	—	14. 8	25. 8	7. 8	20. 8	—	—	20. 8
4. 8	Tritic. vulg. hib.	Anf. d. E.	8. 8	4. 8	—	22. 7	28. 7	—	10. 8	10. 8
9. 8	Avena sat.	Anf. d. E.	12. 8	18. 8	1. 9	10. 8	6. 8	—	—	10. 8
10. 9	Ligustrum vulg.	e. F.	—	15. 9	15. 9	—	20. 9	—	—	20. 8
17. 9	Aesculus hipp.	e. F.	—	20. 9	25. 9	16. 9	—	—	—	12. 9
20. 9	Quercus ped.	e. F.	25. 9	20. 9	2. 10	20. 9	29. 9	—	—	22. 9
—	Quercus sess.	e. F.	25. 9	20. 9	10. 10	20. 9	—	—	—	22. 9
28. 9	Sorbus aucup.	a. L. V.	15. 9	15. 9	15. 9	10. 9	20. 9	—	—	10. 9
10. 10	Aesculus hipp.	a. L. V.	—	6. 10	19. 10	6. 10	—	—	—	15. 10
13. 10	Betula alba.	a. L. V.	20. 10	8. 10	15. 10	7. 10	—	—	—	16. 10
—	Betula pub.	a. L. V.	—	8. 10	—	—	—	—	—	—
14. 10	Fagus sylv.	a. L. V.	20. 10	12. 10	25. 10	10. 10	—	—	—	20. 10
19. 10	Quercus ped.	a. L. V.	28. 10	16. 10	6. 11	18. 10	7. 10	—	—	25. 10
—	Quercus sess.	a. L. V.	28. 10	16. 10	6. 11	18. 10	—	—	—	25. 10
21. 10	Larix europ.	a. L. V.	—	6. 10	20. 10	12. 10	—	—	—	13. 10
	Durchschnittliche Eintrittszeit der Phänomene für	Frühjahr	— 8	— 5	— 5	+ 4	— 3	— 10	— 5	+ 2
		Sommer	— 9	— 9	+ 5	0	— 3	—	— 10	0
		Herbst	— 6	+ 6	— 5	+ 5	—	—	—	— 1

Pflanzen.

mittl. Eintritt der Entwickl.-Phasen für Giessen.	Namen.	Art der Entwickl.-Phase.	Biedenkopf P.	Bietigheim W.	Bingenheim H.	St. Blasien B.	Blaubeuren W.	Bliedungen I. P.	Blofeld H.	Bonndorf B.
			Eintritt der Entwickl.-Phasen im Jahre 1890 an den Stationen:							
11. 2	Coryl. avell.	e. B.	2. 2	25. 1	2. 3	15. 3	24. 3	26. 1	26. 1	11. 3
15. 3	Alnus glut.	e. B.	24. 3	15. 3	25. 3	—	—	24. 3	—	28. 3
6. 4	Larix europ.	e. B.	16. 4	—	26. 3	—	21. 4	15. 4	24. 4	—
10. 4	Aesculus hipp.	B. O. s.	21. 4	8. 4	15. 4	7. 5	24. 4	17. 4	2. 4	—
12. 4	Ribes gross.	e. B.	17. 4	8. 4	15. 4	8. 5	20. 4	16. 4	22. 4	—
13. 4	Acer plat.	e. B.	22. 4	—	5. 4	29. 4	—	17. 4	—	—
14. 4	Ribes rub.	e. B.	20. 4	8. 4	16. 4	9. 5	26. 4	22. 4	—	—
14. 4	Tilia grand.	B. O. s.	—	—	—	—	30. 4	—	5. 4	—
17. 4	Larix europ.	B. O. s.	18. 4	8. 4	2. 4	2. 5	28. 4	20. 4	13. 4	30. 4
17. 4	Betula alba.	e. B.	20. 4	21. 4	16. 4	9. 5	—	30. 4	—	—
18. 4	Prunus avium.	e. B.	24. 4	5. 4	15. 4	—	28. 4	26. 4	14. 4	12. 5
18. 4	Betula alba.	B. O. s.	25. 4	12. 4	18. 4	—	30. 4	26. 4	26. 4	10. 5
19. 4	Prunus spin.	e. B.	25. 4	8. 4	16. 4	—	30. 4	27. 4	22. 4	—
19-21.4	Carpinus bet.	B.O. s-e. B.	28. 4	8. 4	8.-19. 4	—	—	18.-26.4	10. 4	—
20. 4	Aesculus hipp.	a. Bel.	2. 5	12. 4	19. 4	—	2. 5	30. 4	14. 4	—
—	Betula pub.	B. O. s.	—	—	—	—	—	—	—	24. 5
—	Betula pub.	e. B.	—	—	—	—	—	—	—	—
21. 4	Fraxinus exc.	e. B.	27. 4	24. 4	18. 4	—	—	2. 5	—	—
23. 4	Prunus pad.	e. B.	—	—	20. 4	—	—	4. 5	—	—
23. 4	Pyrus comm.	e. B.	4. 5	24. 4	24. 4	—	11. 5	—	27. 4	20. 5
24. 4	Fagus sylv.	B. O. s.	20. 4	21. 4	18. 4	5. 5	6. 5	26. 4	16. 4	8. 5
28. 4	Pyrus mal.	e. B.	10. 5	3. 5	3. 5	—	4. 5	—	24. 4	24. 5
1. 5	Vitis vinif.	B. O. s.	—	4. 5	28. 4	—	—	—	5. 5	—
1. 5	Quercus ped.	B. O. s.	9. 5	28. 4	30. 4	—	10. 5	8. 5	3. 5	—
—	Quercus sess.	B. O. s.	9. 5	28. 4	30. 4	—	12. 5	8. 5	3. 5	—
2. 5	Acer pseud.	e. B.	12. 5	—	2. 5	—	—	—	—	5. 6
3. 5	Fagus sylv.	Bu. gr.	2. 5	28. 4	28. 4	—	15. 5	2. 5	1. 5	15. 5
3. 5	Abies pect.	B. O. s.	—	—	10. 5	—	—	15. 5	—	1. 6
4. 5	Syringa vulg.	e. B.	12. 5	8. 5	—	—	—	15. 5	—	—
5. 5	Abies exc.	B. O. s.	16. 5	3. 5	2. 5	—	—	11. 5	7. 5	28. 5
—	Quercus ped.	Beg. d.Sch.	13. 5	28. 4	6. 5	—	19. 5	—	7. 5	—
—	Quercus sess.	Beg. d.Sch.	13. 5	28. 4	6. 5	—	19. 5	—	7. 5	—
6. 5	Aesculus hipp.	e. B.	14. 5	6. 5	10. 5	—	15. 5	10. 5	1. 5	—
9. 5	Crataegus ox.	e. B.	18. 5	6. 5	10. 5	—	24. 5	14. 5	5. 5	—
12. 5	Quercus ped.	e. B.	12. 5	10. 5	—	—	23. 5	16. 5	3. 5	—
—	Ouercus sess.	e. B.	12. 5	10. 5	—	—	23. 5	16. 5	3. 5	—
12. 5	Spartium scop.	e. B.	17. 5	—	15. 5	—	—	—	—	—
14. 5	Quercus ped.	Ei. gr.	14. 5	13. 5	12. 5	—	26. 5	18. 5	10. 5	—

Pflanzen.

mittl. Eintritt der Entwickl.-Phasen für Giessen.	Der Pflanzen		Eintritt der Entwickl.-Phasen im Jahre 1890 an den Stationen:							
	Namen.	Art der Entwickl.-Phase.	Biedenkopf P.	Bietigheim W.	Bingenheim H.	St. Blasien B.	Blaubeuren W.	Bliedungen L. P.	Blofeld H.	Bonndorf B.
—	Quercus sess.	Ei. gr.	14. 5	13. 5	12. 5	—	26. 5	18. 5	10. 5	—
15. 5	Cytisus lab.	e. B.	—	—	17. 5	—	24. 5	20. 5	—	—
16. 5	Sorbus aucup.	e. B.	18. 5	—	14. 5	—	24. 5	16. 5	—	1. 6
17. 5	Pinus sylv.	e. B.	19. 5	13. 5	16. 5	—	22. 5	25. 5	19. 5	7. 6
28. 5	Sambucus nig.	e. B.	5. 6	1. 6	27. 5	—	25. 6	2. 6	3. 6	1. 6
28. 5	Secale cer. hib.	e. B.	4. 6	29. 5	24. 5	—	—	20. 5	23. 5	21. 6
31. 5	Pinus sylv.	B. O. s.	—	1. 5	17. 5	—	—	22. 5	6. 5	1. 6
31. 5	Rubus id.	e. B.	7. 6	9. 6	31. 5	—	—	27. 5	13. 6	—
2. 6	Robinia pseud.	e. B.	7. 6	1. 6	31. 5	—	—	10. 6	8. 6	—
14. 6	Vitis vinif.	e. B.	—	15. 6	9. 6	—	—	—	25. 6	—
14. 6	Tritic. vulg. hib.	e. B.	23. 6	28. 6	10. 6	—	28. 6	18. 6	11. 6	—
19. 6	Ligustrum vulg.	e. B.	28. 6	6 6	—	—	—	—	—	—
20. 6	Ribes rub.	e. F.	23. 6	21. 6	18. 6	—	15. 7	—	—	—
22. 6	Tilia grand.	e. B.	—	24. 6	20. 6	—	8. 7	—	5. 6	—
28. 6	Tilia parv.	e. B.	—	24. 6	—	—	21. 7	—	—	—
29. 6	Avena sat.	e. B.	14. 7	10. 7	30. 6	—	18. 7	13. 7	13. 6	20. 7
3. 7	Rubus id.	e. F.	23. 7	20. 7	1. 7	—	20. 7	15. 7	14. 7	—
6. 7	Prunus pad.	e. F.	—	—	1. 7	—	—	—	10. 6	—
19. 7	Secale cer. hib.	Anf. d. E.	29. 7	29. 7	14. 7	—	3. 8	26. 7	21. 7	14. 8
31. 7	Sorbus aucup.	e. F.	—	—	14. 7	—	16. 8	10. 8	—	16. 8
2. 8	Sambucus nig.	e. F.	16. 9	30. 8	22. 8	—	—	—	17. 8	30. 8
4. 8	Tritic. vulg. hib.	Anf. d. E.	11. 8	31. 7	28. 7	—	11. 8	15. 8	1. 8	—
9. 8	Avena sat.	Anf. d. E.	8. 8	19. 8	11. 8	—	23. 8	12. 8	18. 8	16. 9
10. 9	Ligustrum vulg.	e. F.	26. 9	8. 9	16. 9	—	—	—	—	—
17. 9	Aesculus hipp.	e. F.	—	27. 9	18. 9	—	—	1. 10	20. 9	—
20. 9	Quercus ped.	e. F.	—	15. 10	23. 9	—	—	18. 10	24. 9	—
—	Quercus sess.	e. F.	—	15. 10	—	—	—	18. 10	24. 9	—
28. 9	Sorbus aucup.	a. L. V.	28. 9	—	15. 9	—	19. 9	—	—	15. 10
10 10	Aesculus hipp.	a. L. V.	—	11. 9	8. 10	—	1. 10	22. 10	1. 10	—
13. 10	Betula alba.	a. L. V.	—	1. 9	10. 10	—	—	24. 10	1. 11	1. 10
—	Betula pub.	a. L. V.	—	—	—	—	2. 10	—	—	—
14. 10	Fagus sylv.	a. L. V.	27. 9	1. 10	8. 10	—	6. 10	10. 10	1. 10	1. 10
19. 10	Quercus ped.	a. L. V.	8. 10	15. 10	14. 10	—	—	25. 10	5. 10	—
—	Quercus sess.	a. L. V.	8. 10	15. 10	—	—	—	25. 10	5. 10	—
21. 10	Larix europ.	a. L. V.	—	11. 9	10. 10	—	—	3. 11	3. 10	12. 10
Durchschnittliche Eintrittszeit der Phänomene für		Frühjahr	— 10	+ 1	— 2	— 27	— 14	— 12	— 1	— 27
		Sommer	— 14	— 14	+ 1	—	— 19	— 11	— 6	— 30
		Herbst	+ 16	+ 31	+ 6	—	+ 7	— 8	+ 3	+ 10

Pflanzen.

| mittl. Eintritt der Entwickl.-Phasen für Giessen. | Der Pflanzen | | Eintritt der Entwickl.-Phasen im Jahre 1890 an den Stationen: | | | | | | | |
	Namen.	Art der Entwickl.-Phase.	Braetz P.	Braunlage Br.	Bremhof H.	Broedlauken P.	Büdingen H.	Cappe P.	Carlsberg P.	Clötze P.
11. 2	Coryl. avell.	e. B.	10. 3	22. 3	2. 3	12. 3	6. 1	4. 3	27. 3	22. 2
15. 3	Alnus glut.	e. B.	18. 3	24. 3	20. 3	18. 3	—	18. 3	—	20. 3
6. 4	Larix europ.	e. B.	5. 4	25. 3	—	3. 4	1. 4	12. 4	1. 5	3. 4
10. 4	Aesculus hipp.	B. O. s.	11. 4	5. 5	12. 4	17. 4	5. 4	20. 4	6. 5	15. 4
12. 4	Ribes gross.	e. B.	13. 4	30. 4	12. 4	19. 4	5. 4	20. 4	4. 5	16. 4
13. 4	Acer plat.	e. B.	13. 4	30. 4	—	17. 4	—	22. 4	—	14. 4
14. 4	Ribes rub.	e. B.	16. 4	3. 5	18. 4	20. 4	10. 4	22. 4	2. 5	16. 4
14. 4	Tilia grand.	B. O. s.	22. 4	—	—	24. 4	—	24. 4	9. 5	21. 4
17. 4	Larix europ.	B. O. s.	8. 4	—	10. 3	10. 4	7. 4	19. 4	1. 5	15. 4
17. 4	Betula alba.	e. B.	14. 4	25. 4	22. 4	—	13. 4	23. 4	—	14. 4
18. 4	Prunus avium.	e. B.	21. 4	1. 5	27. 4	24. 4	17. 4	25. 4	6. 5	18. 4
18. 4	Betula alba.	B. O. s.	16. 4	—	25. 4	20. 4	16. 4	26. 4	—	17. 4
19. 4	Prunus spin.	e. B.	26. 4	—	14. 4	—	15. 4	30. 4	—	23. 4
19-21.4	Carpinus bet.	B.O. s-e. B.	18. 4	—	22. 4	16. 4	5. 4	26. 4	—-	14. 4
20. 4	Aescul. hipp.	a. Bel.	23. 4	10. 5	25. 4	25. 4	14. 4	26. 4	10. 5	18. 4
—	Betula pub.	B. O. s.	—	—	—	17. 4	—	—	—	—
—	Betula pub.	e. B.	—	—	—	21. 4	—	—	—	—
21. 4	Fraxinus exc.	e. B.	25. 4	—	—	20. 4	13. 4	30. 4	7. 5	18. 4
23. 4	Prunus pad.	e. B.	23. 4	9. 5	—	28. 4	—	28. 4	—	—
23. 4	Pyrus comm.	e. B.	25. 4	—	26. 4	29. 4	18. 4	30. 4	11. 5	20. 4
24. 4	Fagus sylv.	B. O. s.	23. 4	27. 4	22. 4	3. 5	9. 4	4. 5	10. 5	24. 4
28. 4	Pyrus mal.	e. B.	28. 4	10. 5	28. 4	2. 5	20. 4	5. 5	—	4. 5
1. 5	Vitis vinif.	B. O. s.	3. 5	—	—	3. 5	—	6. 5	—	5. 5
1. 5	Quercus ped.	B. O. s.	29. 4	—	8. 5	—	24. 4	6. 5	—	1. 5
—	Quercus sess.	B. O. s.	29. 4	—	8. 5	27. 4	22. 4	6. 5	—	1. 5
2. 5	Acer pseud.	e. B.	4. 5	10. 5	—	—	—	7. 5	15. 5	—
3. 5	Fagus sylv.	Bu. gr.	3. 5	20. 5	29. 4	—	18. 4	11. 5	19. 5	1. 5
3. 5	Abies pect.	B. O. s.	1. 5	—	3. 5	2. 5	--	—	26. 5	6. 5
4. 5	Syringa vulg.	e. B.	3. 5	10. 5	—	5. 5	—	9. 5	26. 5	10. 5
5. 5	Abies exc.	B. O. s.	4. 5	14. 5	1. 5	3. 5	1. 5	11. 5	9. 5	8. 5
—	Quercus ped.	Beg.d.Sch.	1. 5	—	8. 5	—	—	10. 5	—	—
—	Quercus sess.	Beg.d.Sch.	1. 5	—	8. 5	—	—	10. 5	—	—
6. 5	Aesculus hipp.	e. B.	5. 5	—	29. 4	4. 5	3. 5	9. 5	5. 6	6. 5
9. 5	Crataegus ox.	e. B.	4. 5	30. 5	3. 5	9. 5	—	10. 5	—	14. 5
12. 5	Quercus ped.	e. B.	2. 5	—	14. 5	—	—	12. 5	—	2. 5
—	Quercus sess.	e. B.	2. 5	—	14. 5	12. 5	—	—	—	2. 5
12. 5	Spartium scop.	e. B.	10. 5	—	—	—	—	16. 5	—	—
14. 5	Quercus ped.	Ei. gr.	14. 5	—	10. 5	20. 5	9. 5	15. 5	—	8. 5

Pflanzen.

mittl. Eintritt der Entwickl.-Phasen für Giessen.	Der Pflanzen Namen.	Art der Entwickl.-Phase.	Eintritt der Entwickl.-Phasen im Jahre 1890 an den Stationen:							
			Braetz P.	Braunlage Br.	Bremhof H.	Broedlauken P.	Büdingen H.	Cappe P.	Carlsberg P.	Clötze P.
—	Quercus sess.	Ei. gr.	14. 5	—	10. 5	—	—	15. 5	—	11. 5
15. 5	Cytisus lab.	e. B.	12. 5	31. 5	—	10. 5	—	—	—	10. 5
16. 5	Sorbus aucup.	e. B.	24. 5	20. 5	—	8. 5	—	16. 5	28. 5	10. 5
17. 5	Pinus sylv.	e. B.	14. 5	—	10. 5	—	—	16. 5	5. 6	22. 5
28. 5	Sambucus nig.	e. B.	22. 5	18. 6	—	25. 5	24. 5	4. 6	28. 5	24. 5
28. 5	Secale cer. hib.	e. B.	20. 5	—	29. 5	22. 5	26. 5	23. 5	16. 6	20. 5
31. 5	Pinus sylv.	B. O. s.	4. 5	—	—	12. 5	6. 5	22. 5	1. 6	10. 5
31. 5	Rubus id.	e. B.	29. 5	12. 6	29. 5	28. 5	27. 5	28. 5	21. 6	2. 6
2. 6	Robinia pseud.	e. B.	28. 5	—	28. 5	—	—	5. 6	—	2. 6
14. 6	Vitis vinif.	e. B.	13. 6	—	—	1. 7	9. 10	16. 6	—	26. 6
14. 6	Tritic. vulg. hib.	e. B.	27. 6	—	6. 6	17. 6	10. 6	—	—	7. 6
19. 6	Ligustrum vulg.	e. B.	8. 6	—	—	23. 6	—	21. 6	—	14. 6
20. 6	Ribes rub.	e. F.	3. 6	15. 7	26. 6	20. 6	11. 6	25. 6	—	24. 6
22. 6	Tilia grand.	e. B.	10. 6	—	—	—	—	26. 6	10. 8	24. 6
28. 6	Tilia parv.	e. B.	12. 6	—	—	28. 6	—	2. 7	10. 8	24. 6
29. 6	Avena sat.	e. B.	18. 6	—	25. 6	1. 7	21. 6	12. 7	26. 7	30. 6
3. 7	Rubus id.	e. F.	25. 6	1. 8	8. 7	26. 6	29. 6	4. 7	6. 8	6. 7
6. 7	Prunus pad.	e. F.	29. 6	—	—	2. 7	—	6. 7	—	—
19. 7	Secale cer. hib.	Anf. d. E.	26. 7	—	29. 7	14. 7	18. 7	14. 7	14. 8	10. 7
31. 7	Sorbus aucup.	e. F.	25. 7	9. 8	—	14. 7	—	30. 7	10. 9	6. 8
2. 8	Sambucus nig.	e. F.	14. 8	—	—	—	—	20. 8	—	24. 8
4. 8	Tritic. vulg. hib.	Anf. d. E.	30. 7	—	6. 8	28. 7	3. 8	—	—	4. 8
9. 8	Avena sat.	Anf. d. E.	24. 7	—	10. 9	2. 8	8. 8	11. 8	9. 9	5. 8
10. 9	Ligustrum vulg.	e. F.	—	—	—	5. 9	—	10. 9	—	5. 9
17. 9	Aesculus hipp.	e. F.	20. 9	—	15. 9	25. 9	—	20. 9	9. 10	4. 9
20. 9	Quercus ped.	e. F.	15. 9	—	15. 9	20. 9	—	25. 9	—	24. 9
—	Quercus sess.	e. F.	15. 9	—	15. 9	—	—	25. 9	—	24. 9
28. 9	Sorbus aucup.	a. L. V.	18. 10	—	—	15. 9	—	18. 8	17. 9	11. 10
10. 10	Aesculus hipp.	a. L. V.	20. 10	—	8. 10	5. 10	5. 10	5. 10	20. 9	8. 10
13. 10	Betula alba.	a. L. V.	18. 10	—	20. 10	—	30. 9	12. 10	19. 10	20. 10
—	Betula pub.	a. L. V.	—	—	—	5. 9	—	—	—	—
14. 10	Fagus sylv.	a. L. V.	20. 10	—	18. 10	—	30. 9	18. 10	24. 10	20. 10
19. 10	Quercus ped.	a. L. V.	23. 10	—	29. 10	21. 9	11. 10	21. 10	—	12. 10
—	Quercus sess.	a. L. V.	23. 10	—	29. 10	21. 9	11. 10	21. 10	—	12. 10
21. 10	Larix europ.	a. L. V.	15. 10	—	15. 10	1. 10	5. 10	14. 10	19. 10	26. 10
	Durchschnittliche	Frühjahr	— 4	— 15	— 5	— 7	+ 2	— 9	— 22	— 3
	Eintrittszeit der	Sommer	— 11	—	— 14	+ 1	— 3	+ 1	— 30	+ 5
	Phänomene für	Herbst	— 3	—	— 3	+ 16	+ 13	0	— 6	— 7

Pflanzen.

mittl. Eintritt der Entwickl.-Phasen für Giessen.	Der Pflanzen Namen.	Art der Entwickl.-Phase.	Crailsheim W.	Daumen E.	Diebolsheim E.	Dietenheim W.	Dietzhausen P.	Diez P.	Dingken P.	Dippmannsdorf P.
11. 2	Coryl. avell.	e. B.	14. 3	15. 2	1. 2	25. 1	20. 3	30, 1	23. 2	17. 3
15. 3	Alnus glut.	e. B.	31. 3	20. 3	25. 3	29. 3	23. 3	20. 3	18. 3	4. 4
6. 4	Larix europ.	e. B.	15. 4	2. 4	—	—	6. 4	13. 4	7. 4	5. 4
10. 4	Aesculus hipp.	B. O. s.	19. 4	7. 4	8. 4	23. 4	26. 4	10. 4	8. 4	20. 4
12. 4	Ribes gross.	e. B.	20. 4	8. 4	—	27. 4	26. 4	13. 4	23. 4	12. 4
13. 4	Acer plat.	e. B.	21. 4	9. 4	—	—	28. 4	10. 4	9. 10	—
14. 4	Ribes rub.	e. B.	22. 4	10. 4	—	27. 4	28. 4	16. 4	1. 5	16. 4
14. 4	Tilia grand.	B. O. s.	23. 4	18. 4	—	—	1. 5	28. 4	22. 4	20. 4
17. 4	Larix europ.	B. O. s.	17. 4	8. 4	—	14. 4	19. 4	16. 4	11. 4	18. 4
17. 4	Betula alba.	e. B.	23. 4	16. 4	14. 4	21. 4	3. 5	18. 4	22. 4	17. 4
18. 4	Prunus avium.	e. B.	23. 4	15. 4	12. 4	27. 4	1. 5	18. 4	—	21. 4
18. 4	Betula alba.	B. O. s.	23. 4	18. 4	16. 4	3. 5	28. 4	16. 4	29. 4	17. 4
19. 4	Prunus spin.	e. B.	20. 4	16. 4	10. 4	27. 4	3. 5	17. 4	—	29. 4
19-21.4	Carpinus bet.	B.O. s-e.B.	23. 4	18. 4	14. 4	11. 5	1. 5	16.-23.4	—	16. 4
20. 4	Aesculus hipp.	a. Bel.	6 5	18. 4	20. 4	9. 5	5. 5	14. 4	16. 4	22. 4
—	Betula pub.	B. O. s.	23. 4	—	—	—	28. 4	—	14. 4	—
—	Betula pub.	e. B.	23. 4	—	—	—	3. 5	—	24. 4	—
21. 4	Fraxinus exc.	e. B.	20. 4	18. 4	15. 4	—	8. 5	20, 4	10. 5	—
23. 4	Prunus pad.	e. B.	5. 5	21. 4	—	—	—	26. 4	1. 5	21. 4
23. 4	Pyrus comm.	e. B.	1. 5	19. 4	—	3. 5	8. 5	28. 4	11. 5	19. 4
24. 4	Fagus sylv.	B. O. s.	26. 4	20. 4	—	4. 5	28. 4	23. 4	—	22. 4
28. 4	Pyrus mal.	e. B.	10. 5	20. 4	23. 4	11. 5	12. 5	8. 5	5. 5	27. 4
1. 5	Vitis vinif.	B. O. s.	—	1. 5	8. 5	9. 5	—	1. 5	—	4. 5
1. 5	Quercus ped.	B. O. s.	2. 5	29. 4	20. 4	—	10. 5	4. 5	19. 4	26. 4
—	Quercus sess.	B. O. s.	2. 5	28. 4	28. 4	—	10. 5	6. 5	—	28 4
2. 5	Acer pseud.	e. B.	10. 5	—	—	—	—	2. 5	—	—
3. 5	Fagus sylv.	Bu. gr.	6. 5	1. 5	—	11. 5	10. 5	20. 4	—	4. 5
3. 5	Abies pect.	B. O. s.	11. 5	6. 5	—	10. 5	12. 5	7. 5	—	—
4. 5	Syringa vulg.	e. B.	15. 5	2. 5	—	14. 5	—	8. 5	16. 5	7. 5
5. 5	Abies exc.	B. O. s.	6. 5	6. 5	—	10. 5	10. 5	7. 5	—	15. 5
—	Quercus ped.	Beg. d.Sch.	9. 5	—	21. 4	—	—	6. 5	—	—
—	Quercus sess.	Beg. d.Sch.	9. 5	—	28. 4	—	—	6. 5	—	—
6. 5	Aesculus hipp.	e. B.	15. 5	8. 5	5. 5	16. 5	12. 5	9. 5	11. 5	10. 5
9. 5	Crataegus ox.	e. B.	15. 5	7. 5	8. 5	18. 5	14. 5	14. 5	—	12. 5
12. 5	Quercus ped.	e. B.	13. 5	8. 5	8. 5	—	13. 5	16. 5	4. 5	4. 5
—	Quercus sess.	e. B.	13. 5	10. 5	12. 5	—	13. 5	16. 5	—	5. 5
12. 5	Spartium scop.	e. B.	19. 5	9. 5	—	—	12. 5	10. 5	—	12. 5
14. 5	Quercus ped.	Ei. gr.	15. 5	10. 5	9. 5	27. 5	17. 5	14. 5	10. 5	8. 5

Pflanzen.

mittl. Eintritt der Entwickl.-Phasen für Giessen.	Der Pflanzen		Eintritt der Entwickl.-Phasen im Jahre 1890 an den Stationen:							
	Namen.	Art der Entwickl.-Phase.	Crailsheim W.	Daumen E.	Diebolsheim E.	Dietenheim W.	Dietzhausen P.	Diez P.	Dingken P.	Dippmannsdorf P.
—	Quercus sess.	Ei. gr.	15. 5	12. 5	9. 5	27. 5	17. 5	14. 5	—	8. 5
15. 5	Cytisus lab.	e. B.	19. 5	—	—	25. 5	—	13. 5	—	—
16. 5	Sorbus aucup.	e. B.	19. 5	18. 5	—	22. 5	23. 5	15. 5	17. 5	8. 5
17. 5	Pinus sylv.	e. B.	19. 5	12. 5	—	—	22. 5	23. 5	20. 5	18. 5
28. 5	Sambucus nig.	e. B.	6. 6	26. 5	26. 5	8. 6	4. 6	26. 5	—	27. 5
28. 5	Secale cer. hib.	e. B.	3. 6	2. 6	25. 5	1. 6	9. 6	24. 5	19. 5	20. 5
31. 5	Pinus sylv.	B. O. s.	19. 5	9. 5	—	—	14. 5	18. 5	10. 5	13. 5
31. 5	Rubus id.	e. B.	7. 6	27. 5	—	—	5. 7	1. 6	14. 5	18. 5
2. 6	Robinia pseud.	e. B.	7. 6	28. 5	1. 6	10. 6	—	27. 5	—	30. 5
14. 6	Vitis vinif.	e. B.	—	20. 6	25. 6	17. 6	—	15. 6	—	12. 6
14. 6	Tritic. vulg. hib.	e. B.	25. 6	22. 6	11. 6	22. 6	—	12. 6	26. 5	—
19. 6	Ligustrum vulg.	e. B.	1. 7	20. 6	—	27. 6	—	18. 6	—	—
20. 6	Ribes rub.	e. F.	1. 7	21. 6	—	—	10. 7	18. 6	6. 6	23. 6
22. 6	Tilia grand.	e. B.	15. 7	22. 6	—	—	10. 7	20. 6	8. 6	20. 6
28. 6	Tilia parv.	e. B.	18. 7	28. 6	—	13. 7	12. 7	27. 6	—	7. 7
29. 6	Avena sat.	e. B.	15. 7	27. 6	28. 6	—	15. 8	8. 7	6. 6	—
3. 7	Rubus id.	e. F.	20. 7	2. 7	—	—	1. 8	10. 7	11. 6	—
6. 7	Prunus pad.	e. F.	20. 7	2. 7	—	—	1. 8	—	18. 6	—
19. 7	Secale cer. hib.	Anf. d. E.	28. 7	20. 7	21. 7	31. 7	14. 8	20. 7	7. 7	—
31. 7	Sorbus aucup.	e. F.	11. 8	2. 8	—	1. 8	15. 8	25. 7	—	—
2. 8	Sambucus nig.	e. F.	30. 8	10. 8	21. 8	—	18. 8	30. 8	—	—
4. 8	Tritic. vulg. hib.	Anf. d. E.	11. 8	3. 8	1. 8	9. 8	—	3. 8	19. 7	—
9. 8	Avena sat.	Anf. d. E.	18. 8	11. 8	16. 8	19. 8	30. 8	14. 8	8. 8	—
10. 9	Ligustrum vulg.	e. F.	15. 9	6. 9	—	—	—	7. 9	—	—
17. 9	Aesculus hipp.	e. F.	1. 10	11. 9	18. 9	5. 10	15. 9	26. 9	7. 9	2. 10
20. 9	Quercus ped.	e. F.	15. 10	18. 9	—	16. 10	—	20. 10	18. 9	—
—	Quercus sess.	e. F.	15. 10	—	—	—	—	—	—	—
28. 9	Sorbus aucup.	a. L. V.	15. 9	10. 9	—	—	12. 9	13. 9	—	—
10. 10	Aesculus hipp.	a. L. V.	22. 10	5. 10	18. 10	17. 10	25. 9	10. 10	—	13. 10
13. 10	Betula alba	a. L. V.	22. 10	12. 10	16. 10	22. 9	5. 10	11. 10	21. 9	14. 10
—	Betula pub.	a. L. V.	22. 10	—	—	—	5. 10	—	21. 9	—
14. 10	Fagus sylv.	a. L. V.	15. 10	14. 10	—	11. 10	8. 10	2. 10	—	16. 10
19. 10	Quercus ped.	a. L. V.	22. 10	18. 10	24. 10	20. 10	12. 10	20. 10	27. 9	16. 10
—	Quercus sess.	a. L. V.	22. 10	19. 10	24. 10	—	12. 10	20. 10	—	16. 10
21. 10	Larix europ.	a. L. V.	22. 10	8. 10	—	—	25. 9	30. 10	—	—
Durchschnittliche	Frühjahr		— 9	+ 2	+ 4	— 12	— 17	— 5	— 12	— 3
Eintrittszeit der	Sommer		— 13	— 5	— 6	— 16	— 30	— 5	+ 8	—
Phänomene für	Herbst		— 5	+ 4	— 1	+ 12	+ 12	+ 1	+ 24	— 1

Pflanzen.

mittl. Eintritt der Entwickl.-Phasen für Giessen	Der Pflanzen Namen.	Art der Entwickl.-Phase.	Dorf-Erbach H.	Driedorf P.	Ebersdorf Th.	Eberswalde P.	Eichenberg P.	Eichquast P.	Eltville P.	Elzerath P.
11. 2	Coryl. avell.	e. B.	10. 3	—	19. 3	15. 3	19. 1	14. 3	1. 2	28. 1
15. 3	Alnus glut.	e. B.	24. 3	24. 3	—	30. 3	17. 3	15. 3	—	21. 2
6. 4	Larix europ.	e. B.	1. 4	—	—	2. 4	15. 4	—	26. 3	4. 4
10. 4	Aesculus hipp.	B. O. s.	6. 4	25. 4	—	7. 4	25. 4	9. 4	3. 4	—
12. 4	Ribes gross.	e. B.	1. 4	8. 5	25. 4	8. 4	19. 4	7. 4	3. 4	19. 4
13. 4	Acer plat.	e. B.	8. 4	—	1. 5	5. 4	12. 5	—	—	26. 4
14. 4	Ribes rub.	e. B.	3. 4	8. 5	—	17. 4	1. 5	16. 4	5. 4	20. 4
14. 4	Tilia grand.	B. O. s.	10. 4	7. 5	—	20. 4	3. 5	3. 5	15. 4	—
17. 4	Larix europ.	B. O. s.	6. 4	—	—	30. 3	15. 4	12. 4	1. 4	15. 4
17. 4	Betula alba.	e. B.	13. 4	2. 5	—	14. 4	18. 4	18. 4	16. 4	27. 4
18. 4	Prunus avium.	e. B.	20. 4	8. 5	—	18. 4	20. 4	16. 4	16. 4	25. 4
18. 4	Betula alba.	B. O. S.	13. 4	2. 5	—	16. 4	24. 4	20. 4	16. 4	27. 4
19. 4	Prunus spin.	e. B.	15. 4	8. 5	—	23. 4	20. 4	21. 4	14. 4	29. 4
19-21.4	Carpinus bet.	B.O. s-e.B.	14. 4	2. 5	—	14. 4	25.4-8.5	—	16. 4	29. 4
20. 4	Aescul. hipp.	a. Bel.	14. 4	7. 5	—	23. 4	8. 5	20. 4	12. 4	—
—	Betula pub.	B. O. s.	13. 4	—	—	—	18. 5	—	—	27. 4
—	Betula pub.	e. B.	13. 4	—	—	—	18. 4	—	—	27. 4
21. 4	Fraxinus exc.	e. B.	17. 4	—	—	—	20. 4	20. 4	—	—
23. 4	Prunus pad.	e. B.	24. 4	10. 5	—	23. 4	25. 4	8. 5	—	—
23. 4	Pyrus comm.	e. B.	28. 4	10. 5	—	25. 4	26. 4	8. 5	18. 4	4. 5
24. 4	Fagus sylv.	B. O. s.	30. 4	24. 4	3. 5	23. 4	26. 4	—	21. 4	26. 4
28. 4	Pyrus mal.	e. B.	30. 4	—	—	4. 5	30. 4	—	24. 4	11. 5
1. 5	Vitis vinif.	B. O. s.	2. 5	—	—	2. 5	30. 4	—	1. 5	—
1. 5	Quercus ped.	B. O. s.	6. 5	—	—	29. 4	5. 5	1. 5	29. 4	4. 5
—	Quercus sess.	B. O. s.	6. 5	—	—	—	6. 5	5. 5	29. 4	4. 5
2. 5	Acer pseud.	e. B.	4. 5	—	—	5. 5	5. 5	—	25. 4	15. 5
3. 5	Fagus sylv.	Bu. gr.	6. 5	4. 5	—	5. 5	3. 5	—	27. 4	4. 5
3. 5	Abies pect.	B. O. s.	8. 5	—	—	8. 5	12. 5	11. 5	2. 5	12. 5
4. 5	Syringa vulg.	e. B.	—	—	—	8. 5	5. 5	4. 5	30. 4	12. 5
5. 5	Abies exc.	B. O. s.	8. 5	10. 5	—	5. 5	5. 5	10. 5	1. 5	12. 5
—	Quercus ped.	Beg.d.Sch.	18. 5	—	—	—	—	20. 4	28. 4	5. 5
—	Quercus sess.	Beg.d.Sch.	18. 5	—	—	—	—	24. 4	28. 4	5. 5
6. 5	Aesculus hipp.	e. B.	10. 5	—	—	9. 5	10. 5	4. 5	4. 5	—
9. 5	Crataegus ox.	e. B.	12. 5	—	—	7. 5	12. 5	10. 5	2. 5	15. 5
12. 5	Quercus ped.	e. B.	—	—	—	4. 5	15. 5	6. 5	7. 5	14. 5
—	Quercus sess.	e. B.	—	—	—	—	20. 5	6. 5	7. 5	14. 5
12. 5	Spartium scop.	e. B.	15. 5	—	—	—	—	25. 5	14. 5	18. 5
14. 5	Quercus ped.	Ei. gr.	18. 5	—	—	8. 5	20. 5	18. 5	10. 5	16. 5

Pflanzen.

mittl. Eintritt der Entwickl.-Phasen für Giessen.	Der Pflanzen		Eintritt der Entwickl.-Phasen im Jahre 1890 an den Stationen:							
	Namen.	Art der Entwickl.-Phase.	Dorf-Erbach H.	Driedorf P.	Ebersdorf Th.	Eberswalde P.	Eichenberg P.	Eichquast P.	Eltville P.	Elzerath P.
—	Quercus sess.	Ei. gr.	18. 5	—	—	—	20. 5	20. 5	10. 5	16. 5
15. 5	Cytisus lab.	e. B.	—	—	—	11. 5	15. 5	14. 5	10. 5	19. 5
16. 5	Sorbus aucup.	e. B.	18. 5	—	—	19. 5	15. 5	8. 5	—	18. 5
17. 5	Pinus sylv.	e. B.	1. 6	—	—	14. 5	20. 5	19. 5	14. 5	19. 5
28. 5	Sambucus nig.	e. B.	1. 6	—	—	25. 5	30. 5	23. 5	24. 5	—
28. 5	Secale cer. hib.	e. B.	1. 6	—	31. 5	23. 5	30. 5	22. 5	20. 5	31. 5
31. 5	Pinus sylv.	B. O. s.	1. 5	—	—	28. 5	15. 5	18. 5	10. 5	16. 5
31. 5	Rubus id.	e. B.	4. 6	—	—	25. 5	5. 6	18. 5	20. 5	5. 6
2. 6	Robinia pseud.	e. B.	5. 6	—	21. 6	2. 6	5. 6	24. 5	20. 5	—
14. 6	Vitis vinif.	e. B.	10. 6	—	—	23. 6	20. 6	—	29. 5	—
14. 6	Tritic. vulg. hib.	e. B.	13. 6	—	—	—	18. 6	10. 6	14. 6	24. 6
19. 6	Ligustrum vulg.	e. B.	—	—	—	—	25. 6	—	15. 6	—
20. 6	Ribes rub.	e. F.	18. 6	—	—	27. 6	18. 6	18. 6	17. 6	28. 6
22. 6	Tilia grand.	e. B.	16. 6	18. 7	—	27. 6	28. 6	8. 6	15. 6	—
28. 6	Tilia parv.	e. B.	—	—	—	4. 7	28. 6	11. 6	20. 6	27. 6
29. 6	Avena sat.	e. B.	26. 6	—	—	—	30. 6	12. 6	20. 6	15. 7
3. 7	Rubus id.	e. F.	19. 7	1. 8	—	10. 7	8. 7	10. 7	1. 7	20. 7
6. 7	Prunus pad.	e. F.	10. 7	—	—	12. 7	8. 7	26. 6	—	—
19. 7	Secale cer. hib.	Anf. d. E.	18. 7	12. 8	—	13. 7	21. 7	7. 7	19. 7	4. 8
31. 7	Sorbus aucup.	e. F.	2. 8	22. 8	—	4. 8	2. 8	18. 7	25. 7	19. 8
2. 8	Sambucus nig.	e. F.	20. 8	—	—	22. 8	15. 8	20. 8	10. 8	—
4. 8	Tritic. vulg. hib.	Anf. d. E.	15. 8	—	—	—	6. 8	20. 7	25. 7	18. 8
9. 8	Avena sat.	Anf. d. E.	23. 8	1. 9	—	15. 8	18. 8	9. 8	3. 8	23. 8
10. 9	Ligustrum vulg.	e. F.	—	—	—	—	10. 9	—	1. 9	—
17. 9	Aesculus hipp.	e. F.	20. 9	18. 9	—	22. 9	18. 9	5. 9	—	—
20. 9	Quercus ped.	e. F.	—	—	—	25. 9	22. 9	25. 9	20. 9	8. 10
—	Quercus sess.	e. F.	—	—	—	—	25. 9	28. 9	20. 9	8. 10
28. 9	Sorbus aucup.	a. L. V.	16. 9	—	—	20. 9	14. 9	10. 9	—	18. 9
10. 10	Aesculus hipp.	a. L. V.	2. 10	3. 10	—	26. 9	15. 10	7. 10	—	—
13. 10	Betula alba.	a. L. V.	16. 10	—	—	12. 10	23. 10	15. 10	10. 10	6. 10
—	Betula pub.	a. L. V.	16. 10	—	—	—	23. 10	—	—	6. 10
14. 10	Fagus sylv.	a. L. V.	20. 10	12. 10	—	10. 10	25. 10	—	14. 10	8. 10
19. 10	Quercus ped.	a. L. V.	22. 10	—	—	15. 10	30. 10	14. 10	18. 10	9. 10
—	Quercus sess.	a. L. V.	22. 10	—	—	15. 10	30. 10	14. 10	18. 10	9. 10
21. 10	Larix europ.	a. L. V.	2. 10	—	—	2. 11	21. 10	—	5. 10	10. 10
Durchschnittliche	Frühjahr	— 1	— 21	—	— 4	— 6	— 8	+ 2	— 12
Eintrittszeit der	Sommer	— 3	— 27	—	+ 2	— 6	+ 8	— 4	— 19
Phänomene für	Herbst	+ 2	+ 1	—	— 3	— 8	0	+ 5	+ 7

Pflanzen.

mittl. Eintritt der Entwickl.-Phasen für Giessen.	Der Pflanzen		Eintritt der Entwickl.-Phasen im Jahre 1890 an den Stationen:							
	Namen.	Art der Entwickl.-Phase.	Engen B.	Eppingen B.	Erbenhausen Th.	Ernsee Th.	Ernstthal Th.	Escherode P.	Ettlingen B.	Eulenkopf E.
11. 2	Coryl. avell.	e. B.	15. 3	30. 1	22. 3	28. 2	16. 3	16. 3	10. 2	15. 1
15. 3	Alnus glut.	e. B.	—	—	26. 3	13. 3	19. 3	28. 3	28. 3	25. 3
6. 4	Larix europ.	e. B.	—	—	20. 5	8. 3	8. 4	—	—	6. 4
10. 4	Aesculus hipp.	B. O. s.	17. 4	12. 4	10. 5	12. 4	23. 4	22. 4	—	—
12. 4	Ribes gross.	e. B.	23. 4	12. 4	28. 5	16. 4	14. 4	17. 4	—	1. 4
13. 4	Acer plat.	e. B.	—	—	10. 5	—	23. 4	—	—	—
14. 4	Ribes rub.	e. B.	20. 4	12. 4	5. 5	18. 4	26. 4	19. 4	—	6. 4
14. 4	Tilia grand.	B. O. s.	21. 4	—	15. 5	12. 4	25. 4	—	—	—
17. 4	Larix europ.	B. O. s.	16. 4	10. 4	24. 4	11. 3	10. 4	19. 4	18. 4	10. 4
17. 4	Betula alba.	e. B.	—	—	8. 5	10. 4	20. 4	—	—	20. 4
18. 4	Prunus avium.	e. B.	19. 4	12. 4	9. 5	16. 4	24. 4	20. 4	—	15. 4
18. 4	Betula alba.	B. O. s.	—	—	1. 5	16. 4	21. 4	—	—	23. 4
19. 4	Prunus spin.	e. B.	23. 4	15. 4	1. 5	21. 4	1. 5	28. 4	—	—
19-21.4	Carpinus bet.	B.O. s-e. B.	—	13. 4	10-15. 5	6. 4	1. 5	—	27. 4	20. 4
20. 4	Aesculus hipp.	a. Bel.	20. 4	16. 4	22. 5	21. 4	1. 5	27. 4	—	—
—	Betula pub.	B. O. s.	—	—	12. 5	—	—	22. 4	—	—
—	Betula pub.	e. B.	—	—	10. 5	—	—	20. 4	—	—
21. 4	Fraxinus exc.	e. B.	—	18. 4	8. 5	21. 4	26. 4	—	—	—
23. 4	Prunus pad.	e. B.	—	18. 4	8. 5	21. 4	—	—	—	—
23. 4	Pyrus comm.	e. B.	30. 4	18. 4	10. 5	25. 4	10. 5	1. 5	—	28. 4
24. 4	Fagus sylv.	B. O. s.	30. 4	18. 4	28. 5	25. 4	27. 4	26. 4	23. 4	20. 4
28. 4	Pyrus mal.	e. B.	9. 5	20. 4	11. 5	1. 5	10. 5	8. 5	—	1. 5
1. 5	Vitis vinif.	B. O. s.	13. 5	28. 4	—	1. 5	—	—	29. 4	—
1. 5	Quercus ped.	B. O. s.	7. 5	27. 4	11. 5	1. 5	—	—	—	2. 5
—	Quercus sess.	B. O. s.	—	27. 4	21. 5	1. 5	—	4. 5	2. 5	2. 5
2. 5	Acer pseud.	e. B.	—	—	—	8. 5	7. 5	—	—	3. 5
3. 5	Fagus sylv.	Bu. gr.	5. 5	25. 4	10. 5	1. 5	8. 5	4. 5	25. 4	4. 5
3. 5	Abies pect.	B. O. s.	16. 5	8. 5	3. 6	7. 5	15. 5	11. 5	10. 5	10. 5
4. 5	Syringa vulg.	e. B.	10. 5	5. 5	15. 5	9. 5	12. 5	15. 5	—	4. 5
5. 5	Abies exc.	B. O. s.	—	4. 5	10. 5	3. 5	14. 5	17. 5	14. 5	6. 5
—	Quercus ped.	Beg. d.Sch.	12. 5	5. 5	—	7. 5	—	—	—	—
—	Quercus sess.	Beg. d.Sch.	12. 5	5. 5	—	7. 5	—	—	—	—
6. 5	Aesculus hipp.	e. B.	10. 5	8. 5	12. 5	10. 5	15. 5	—	—	—
9. 5	Crataegus ox.	e. B.	—	8. 5	15. 5	10. 5	23. 5	15. 5	—	15. 5
12. 5	Quercus ped.	e. B.	—	10. 5	25. 5	13. 5	—	—	—	16. 5
—	Quercus sess.	e. B.	—	—	30. 5	—	—	12. 5	14. 5	16. 5
12. 5	Spartium scop.	e. B.	—	—	—	10. 5	—	—	9. 5	7. 5
14. 5	Quercus ped.	Eˑ gr.	17. 5	—	1. 6	14. 5	—	—	—	20. 5

Pflanzen.

mittl. Eintritt der Entwickl.-Phasen für Giessen.	Namen.	Art der Entwickl.-Phase.	Engen B.	Eppingen B.	Erbenhausen Th.	Ernsee Th.	Ernstthal Th.	Escherode P.	Ettlingen B.	Eulenkopf E.
—	Quercus sess.	Ei. gr.	—	—	10. 6	14. 5	—	12. 5	—	20. 5
15. 5	Cytisus lab.	e. B.	18. 5	13. 5	—	10. 5	15. 6	17. 5	—	—
16. 5	Sorbus aucup.	e. B.	—	—	20. 5	20. 5	17. 5	—	—	20. 5
17. 5	Pinus sylv.	e. B.	—	—	1. 6	17. 5	28. 5	—	—	25. 5
28. 5	Sambucus nig.	e. B.	—	14. 5	10. 6	1. 6	3. 6	3. 6	—	10. 6
28. 5	Secale cer. hib.	e. B.	1. 6	18. 5	1. 6	28. 5	20. 6	1. 6	24. 5	20. 5
31. 5	Pinus sylv.	B. O. s.	—	12. 5	20. 5	10. 5	24. 5	—	25. 5	16. 5
31. 5	Rubus id.	e. B.	—	2. 6	5. 6	3. 6	10. 6	1. 6	—	18. 6
2. 6	Robinia pseud.	e. B.	—	—	—	3. 6	19. 6	10. 6	—	16. 6
14. 6	Vitis vinif.	e. B.	—	14. 6	—	18. 6	—	—	20. 6	—
14. 6	Tritic. vulg. hib.	e. B.	—	13. 6	20. 6	18. 6	5. 7	—	24. 6	—
19. 6	Ligustrum vulg.	e. B.	—	—	—	29. 6	—	—	—	—
20. 6	Ribes rub.	e. F.	—	6. 7	10. 7	23. 6	6. 7	18. 6	—	10. 7
22. 6	Tilia grand.	e. B.	24. 6	—	26. 6	8. 7	1. 7	—	—	11. 7
28. 6	Tilia parv.	e. B.	—	—	5. 7	10. 7	—	—	—	14. 7
29. 6	Avena sat.	e. B.	—	—	2. 7	6. 7	28. 7	1. 7	4. 7	25. 7
3. 7	Rubus id.	e. F.	12. 7	6. 7	15. 7	8. 7	31. 7	4. 7	5. 7	2. 7
6. 7	Prunus pad.	e. F.	—	—	18. 7	7. 8	—	—	—	—
19. 7	Secale cer. hib.	Anf. d. E.	—	14. 7	25. 7	30. 7	—	26. 7	24. 7	25. 7
31. 7	Sorbus aucup.	e. F.	—	—	20. 8	3. 8	20. 8	—	—	10. 8
2. 8	Sambucus nig.	e. F.	28. 8	—	20. 8	10. 8	21. 9	—	—	—
4. 8	Tritic. vulg. hib.	Anf. d. E.	11. 8	6. 8	12. 8	5. 8	—	—	9. 8	—
9. 8	Avena sat.	Anf. d. E.	18. 8	17. 8	4. 9	11. 8	26. 8	24. 8	13. 8	14. 8
10. 9	Ligustrum vulg.	e. F.	—	—	—	15. 9	—	—	—	—
17. 9	Aesculus hipp.	e. F.	—	16. 8	15. 9	20. 9	—	—	—	—
20. 9	Quercus ped.	e. F.	—	18. 9	—	22. 9	—	—	—	3. 10
—	Quercus sess.	e. F.	—	18. 9	--	22. 9	—	21. 5	—	3. 10
28. 9	Sorbus aucup.	a. L. V.	—	—	25. 9	20. 9	22. 9	—	—	14. 9
10. 10	Aesculus hipp.	a. L. V.	15. 10	12. 10	3. 10	15. 10	11. 10	—	—	—
13. 10	Betula alba.	a. L. V.	—	—	10. 10	18. 10	13. 10	—	—	10. 10
—	Betula pub.	a. L. V.	—	—	10. 10	—	—	—	—	—
14. 10	Fagus sylv.	a. L. V.	14. 10	15. 10	10. 10	22. 10	12. 10	1. 10	18. 10	18. 10
19. 10	Quercus ped.	a. L. V.	18. 10	22. 10	18. 10	26. 10	—	—	—	24. 10
—	Quercus sess.	a. L. V.	—	22. 10	18. 10	26. 10	—	4. 10	22. 10	24. 10
21. 10	Larix europ.	a. L. V.	—	12. 10	15. 10	18. 10	21. 10	—	14. 10	16. 10
Durchschnittliche Eintrittszeit der Phänomene für		Frühjahr	— 8	+ 3	— 19	— 2	— 13	— 9	—	— 2
		Sommer	—	+ 1	— 10	— 15	—	— 11	— 9	— 10
		Herbst	— 1	+ 1	+ 3	— 4	0	+ 12	— 1	0

Pflanzen.

mittl. Eintritt der Entwickl.-Phasen für Giessen.	Namen.	Art der Entwickl.-Phase.	Feldkrücken H.	Finkenloch H.	Flörsbach P.	Födersdorf P.	Frankenau P.	Frauensee Th.	Freiburg B.	Freyburg a. U. P.
11. 2	Coryl. avell.	e. B.	15. 2	15. 2	17. 3	15. 2	28. 3	7. 3	24. 1	13. 3
15. 3	Alnus glut.	e. B.	16. 3	11. 3	—	—	2. 4	10. 3	29. 1	19. 3
6. 4	Larix europ.	e. B.	—	2. 4	5. 4	15. 4	16. 4	16. 4	4. 4	10. 4
10. 4	Aesculus hipp.	B. O. s.	—	5. 4	16. 4	15. 4	—	1. 5	4. 4	18. 4
12. 4	Ribes gross.	e. B.	16. 4	4. 4	14. 4	17. 4	3. 5	27. 4	8. 4	16. 4
13. 4	Acer plat.	e. B.	24. 4	10. 4	—	18. 4	3. 5	8. 5	5. 4	19. 4
14. 4	Ribes rub.	e. B.	22. 4	10. 4	21. 4	17. 4	5. 5	5. 5	10. 4	18. 4
14. 4	Tilia grand.	B. O. s.	28. 4	17. 4	13. 4	—	—	7. 5	13. 4	23. 4
17. 4	Larix europ.	B. O. s.	14. 4	4. 4	12. 4	15. 4	1. 5	30. 4	12. 4	13. 4
17. 4	Betula alba.	e. B.	—	20. 4	20. 4	15. 4	6. 5	27. 4	11. 4	26. 4
18. 4	Prunus avium.	e. B.	1. 5	14. 4	21. 4	27. 4	4. 5	—	5. 4	30. 4
18. 4	Betula alba.	B. O. s.	—	16. 4	20. 4	17. 4	8. 5	30. 4	15. 4	30. 4
19. 4	Prunus spin.	e. B.	28. 4	15. 4	20. 4	27. 4	9. 5	—	11. 4	—
19-21.4	Carpinus bet.	B.O.s-e.B.	—	18. 4	15. 4	20. 4	6. 5	4. 5	14. 4	24. 4
20. 4	Aesculus hipp.	a. Bel.	—	18. 4	26. 4	26. 4	—	8. 5	14. 4	30. 4
—	Betula pub.	B. O. s.	—	16. 4	18. 4	17. 4	—	—	12. 4	—
—	Betula pub.	e. B.	—	18. 4	26. 4	15. 4	—	—	15. 4	—
21. 4	Fraxinus exc.	e. B.	30. 4	18. 4	—	30. 4	9. 5	—	7. 4	—
23. 4	Prunus pad.	e. B.	4. 5	16. 4	—	27. 4	9. 5	—	19. 4	—
23. 4	Pyrus comm.	e. B.	5. 5	15. 4	11. 5	1. 5	10. 5	—	—	3. 5
24. 4	Fagus sylv.	B. O. s.	26. 4	14. 4	8. 4	30. 4	2. 5	8. 5	18. 4	27. 4
28. 4	Pyrus mal.	e. B.	8. 5	21. 4	2. 5	4. 5	15. 5	—	27. 4	2. 5
1. 5	Vitis vinif.	B. O. s.	—	27. 4	10. 5	—	—	—	24. 4	10. 5
1. 5	Quercus ped.	B. O. s.	—	27. 4	4. 5	25. 4	—	20. 5	16. 4	3. 5
—	Quercus sess.	B. O. s.	—	27. 4	2. 5	—	12. 5	—	21. 4	4. 5
2. 5	Acer pseud.	e. B.	5. 5	26. 4	—	—	15. 5	—	23. 4	8. 5
3. 5	Fagus sylv.	Bu. gr.	10. 5	30. 4	4. 5	4. 5	10. 5	18. 5	23. 4	30. 4
3. 5	Abies pect.	B. O. s.	11. 5	3. 5	7. 5	30. 4	—	5. 6	2. 5	—
4. 5	Syringa vulg.	e. B.	—	—	14. 5	4. 5	12. 5	21. 5	18. 4	6. 5
5. 5	Abies exc.	B. O. s.	5. 5	28. 4	8. 5	28. 4	14. 5	3. 6	3. 5	4. 5
—	Quercus ped.	Beg.d.Sch.	—	—	5. 5	—	—	—	26. 4	6. 5
—	Quercus sess.	Beg.d.Sch.	—	—	5. 5	—	—	—	2. 5	6. 5
6. 5	Aesculus hipp.	e. B.	—	5. 5	7. 5	3. 5	—	28. 5	1. 5	12. 5
9. 5	Crataegus ox.	e. B.	—	5. 5	—	—	16. 5	—	2. 5	10. 5
12. 5	Quercus ped.	e. B.	—	5. 5	—	5. 5	—	30. 5	1. 5	12 5
—	Quercus sess.	e. B.	—	5. 5	—	—	16. 5	—	5. 5	14. 5
12. 5	Spartium scop.	e. B.	—	—	20. 5	—	—	—	—	—
14. 5	Quercus ped.	Ei. gr.	—	4. 5	14. 5	15. 5	—	29 5	7. 5	16. 5

Pflanzen.

mittl. Eintritt der Entwickl.-Phasen für Giessen.	Der Pflanzen Namen.	Art der Entwickl.-Phase.	Eintritt der Entwickl.-Phasen im Jahre 1890 an den Stationen:						
			Feldkrücken H.	Finkenloch H.	Flörsbach P.	Födersdorf P.	Frankenau P.	Frauensee Th.	Freiburg B.	Freyburg a.U.P.
—	Quercus sess.	Ei. gr.	—	4. 5	14. 5	—	24. 5	—	11. 5	16. 5
15. 5	Cytisus lab.	e. B.	—	—	—	—	—	—	8. 5	14. 5
16. 5	Sorbus aucup.	e. B.	18. 5	9. 5	2. 6	14. 5	20. 5	—	8. 5	20. 5
17. 5	Pinus sylv.	e. B.	20. 5	8. 5	16. 5	12. 5	28. 5	—	12. 5	14. 5
28. 5	Sambucus nig.	e. B.	30. 5	17. 5	10. 6	7. 6	20. 5	—	21. 5	3. 6
28. 5	Secale cer. hib.	e. B.	29. 5	20. 5	3. 6	18. 5	3. 6	14 6.	20. 5	2. 6
31. 5	Pinus sylv.	B. O. s.	20. 5	4. 5	16. 5	8. 5	16. 5	2. 6	10. 5	8. 5
31. 5	Rubus id.	e. B.	10. 6	26. 5	5. 6	18. 5	5. 6	3. 6	22. 5	4. 6
2. 6	Robinia pseud.	e. B.	—	—	—	—	—	—	27. 4	5. 6
14. 6	Vitis vinif.	e. B.	—	6. 6	12. 6	—	—	—	12. 6	14. 6
14. 6	Tritic. vulg. hib.	e. B.	20. 6	7. 6	—	16. 6	—	20. 7	9. 6	18. 6
19. 6	Ligustrum vulg.	e. B.	—	—	—	—	—	—	16. 6	13. 6
20. 6	Ribes rub.	e. F.	26. 6	10. 6	15. 6	24. 6	26. 6	18. 7	19. 6	20. 6
22. 6	Tilia grand.	e. B.	28. 6	16. 6	26. 6	—	—	—	16. 6	25. 6
28. 6	Tilia parv.	e. B.	30. 6	17. 6	28. 6	4. 7	—	15. 7	28. 6	1. 7
29. 6	Avena sat.	e. B.	—	24. 6	3. 7	26. 6	1. 7	18. 7	24. 6	8. 7
3. 7	Rubus id.	e. F.	20. 7	4. 7	—	25. 6	10. 7	—	29. 6	4. 7
6. 7	Prunus pad.	e. F.	15. 7	6. 7	—	—	—	—	27. 6	—
19. 7	Secale cer. hib.	Anf. d. E.	—	20. 7	—	21. 7	1. 8	1. 8	15. 7	21. 7
31. 7	Sorbus aucup.	e. F.	30. 7	28. 7	—	10. 8	4. 8	—	30. 7	14. 8
2. 8	Sambucus nig.	e. F.	31. 8	12. 8	—	15. 9	15. 8	—	9. 8	20. 8
4. 8	Tritic. vulg. hib.	Anf. d. E.	—	6. 8	—	28. 7	—	15. 8	28. 7	10. 8
9. 8	Avena sat.	Anf. d. E.	23. 8	14. 8	—	4. 8	15. 8	20. 8	6. 8	13. 8
10. 9	Ligustrum vulg.	e. F.	—	—	—	—	—	—	5. 9	4. 9
17. 9	Aesculus hipp.	e. F.	—	17. 8	—	—	—	20. 9	15. 9	21. 9
20. 9	Quercus ped.	e. F.	—	4. 10	20. 9	20. 9	—	25. 9	26. 9	20. 10
—	Quercus sess.	e. F.	—	4. 10	—	—	10. 10	—	3. 10	20. 10
28. 9	Sorbus aucup.	a. L. V.	20. 9	12. 8	—	26. 9	25. 9	—	8. 9	20. 9
10. 10	Aesculus hipp.	a. L. V.	—	12. 10	22. 10	15. 10	—	—	10. 10	12. 10
13. 10	Betula alba.	a. L. V.	—	13. 10	23. 9	5. 10	15. 10	16. 10	5. 10	28. 10
—	Betula pub.	a. L. V.	—	13. 10	23. 9	5. 10	—	—	5. 10	—
14. 10	Fagus sylv.	a. L. V.	12. 10	16. 10	6. 10	23. 10	29. 10	16. 10	9. 10	30. 10
19. 10	Quercus ped.	a. L. V.	—	20. 10	12. 10	13. 10	—	16. 10	14. 10	1. 11
—	Quercus sess.	a. L. V.	—	19. 10	12. 10	—	25. 10	—	22. 10	1. 11
21. 10	Larix europ.	a. L. V.	—	14. 10	3. 11	25. 10	15. 10	13. 10	4. 10	20. 10
Durchschnittliche	Frühjahr		— 12	+ 2	— 8	— 7	— 20	— 19	+ 4	— 10
Eintrittszeit der	Sommer		—	— 5	—	— 6	— 16	— 16	0	— 6
Phänomene für	Herbst		+ 1	+ 1	+ 4	— 3	— 2	0	+ 9	— 11

Pflanzen.

mittl. Eintritt der Entwickl.-Phasen für Giessen.	Der Pflanzen		Eintritt der Entwickl.-Phasen im Jahre 1890 an den Stationen:							
	Namen.	Art der Entwickl.-Phase.	Friedrichsrode P.	Friedrichsthal P.	Gedern H.	Geislingen W.	Gengenbach B.	Gera Th.	Gerlachsheim B.	Germerode P.
11. 2	Coryl. avell.	e. B.	3. 3	15. 3	—	10. 3	31. 1	—	5. 2	23. 2
15. 3	Alnus glut.	e. B.	25. 3	19. 3	—	—	20. 3	—	—	10. 3
6. 4	Larix europ.	e. B.	—	—	—	—	—	10. 4	—	31. 3
10. 4	Aesculus hipp.	B. O. s.	6. 5	8. 4	16. 4	18. 4	6. 4	9. 4	7. 4	15. 4
12. 4	Ribes gross.	e. B.	22. 4	6. 4	2. 5	17. 4	—	17. 4	6. 4	12. 4
13. 4	Acer plat.	e. B.	22. 4	7. 4	22. 4	—	6. 4	13. 4	—	18. 4
14. 4	Ribes rub.	e. B.	1. 5	11. 4	24. 4	20. 4	—	18. 4	14. 4	19. 4
14. 4	Tilia grand.	B. O. s.	8. 5	—	3. 5	22. 4	—	—	20. 4	26. 4
17. 4	Larix europ.	B. O. s.	1. 5	10. 4	20. 4	15. 4	3. 4	14. 4	1. 4	12. 4
17. 4	Betula alba.	e. B.	4. 5	17. 4	—	20. 4	9. 4	21. 4	—	21. 4
18. 4	Prunus avium.	e. B.	2. 5	17. 4	22. 4	22. 4	4. 4	18. 4	14. 4	1. 5
18. 4	Betula alba.	B. O. s.	1. 5	17. 4	24. 4	23. 4	9. 4	21. 4	20. 4	23. 4
19. 4	Prunus spin.	e. B.	2. 5	—	26. 4	20. 4	5. 4	20. 4	14. 4	28. 4
19-21.4	Carpinus bet.	B. O. s-e.B.	6. 5	10. 4	24. 4	22. 4	—	22.-20.4	—	26. 4
20. 4	Aescul. hipp.	a. Bel.	10. 5	18. 4	24. 4	23. 4	—	23. 4	20. 4	26. 4
—	Betula pub.	B. O. s.	—	—	—	—	—	—	—	—
—	Betula pub.	e. B.	—	—	—	—	—	—	—	—
21. 4	Fraxinus exc.	e. B.	5. 5	—	—	19. 4	—	21. 4	—	8. 5
23. 4	Prunus pad.	e. B.	15. 5	—	4. 5	—	—	—	23. 4	8. 5
23. 4	Pyrus comm.	e. B.	17. 5	18. 4	2. 5	3. 5	17. 4	21. 4	20. 4	26. 4
24. 4	Fagus sylv.	B. O. s.	30. 4	18. 4	20. 4	28. 4	10. 4	22. 4	20. 4	30. 4
28. 4	Pyrus mal.	e. B.	16. 5	23. 4	6. 5	10. 5	24. 4	29. 4	29. 4	4. 5
1. 5	Vitis vinif.	B. O. s.	6. 5	24. 4	3. 5	15. 5	24. 4	—	29. 4	—
1. 5	Quercus ped.	B. O. s.	19. 5	18. 4	2. 5	6. 5	18. 4	2. 5	—	6. 5
—	Quercus sess.	B. O. s.	20. 5	—	2. 5	—	18. 4	—	2. 5	6. 5
2. 5	Acer. pseud.	e. B.	14. 5	—	2. 5	2. 5	—	3. 5	—	3. 5
3. 5	Fagus sylv.	Bu. gr.	8. 5	25. 4	1. 5	6. 5	22. 4	4. 5	2. 5	5. 5
3. 5	Abies pect.	B. O. s.	28. 5	1. 5	14. 5	8. 5	3. 5	12. 5	—	10. 5
4. 5	Syringa vulg.	e. B.	23. 5	2. 5	12. 5	10. 5	24. 4	7. 5	6. 5	7. 5
5. 5	Abies exc.	B. O. s.	20. 5	25. 4	14. 5	4. 5	—	8. 5	4. 5	8. 5
—	Quercus ped.	Beg.d.Sch.	—	—	—	7. 5	22. 4	—	6. 5	1. 5
—	Quercus sess.	Beg.d.Sch.	—	—	—	—	22. 4	—	6. 5	1. 5
6. 5	Aesculus hipp.	e. B.	17. 5	30. 4	13. 5	9. 5	—	10. 5	7. 5	6. 5
9. 5	Crataegus ox.	e. B.	18. 5	—	13. 5	15. 5	4. 5	13. 5	6. 5	10. 5
12. 5	Quercus ped.	e. B.	16. 5	—	—	17. 5	—	11. 5	—	8. 5
—	Quercus sess.	e. B.	15. 5	—	—	—	—	—	9. 5	14. 5
12. 5	Spartium scop.	e. B.	—	9. 5	—	—	5. 5	—	—	20. 5
14. 5	Quercus ped.	Ei. gr.	21. 5	5. 5	16. 5	24. 5	5. 5	12. 5	4. 5	8. 5

Pflanzen.

mittl. Eintritt der Entwickl.-Phasen für Giessen.	Der Pflanzen Namen.	Art der Entwickl.-Phase.	Eintritt der Entwickl.-Phasen im Jahre 1890 an den Stationen:							
			Friedrichsrode P.	Friedrichsthal P.	Gedern H.	Geislingen W.	Gengenbach B.	Gera Th.	Gerlachsheim B.	Germerode P.
—	Quercus sess.	Ei. gr.	23. 5	—	18. 5	—	5. 5	—	4. 5	8. 5
15. 5	Cytisus lab.	e. B.	—	—	20. 5	16. 5	—	13. 5	—	—
16. 5	Sorbus aucup.	e. B.	20. 5	5. 5	20. 5	20. 5	16. 5	15. 5	—	15. 5
17. 5	Pinus sylv.	e. B.	19. 5	12. 5	—	2. 6	—	15. 5	—	16. 5
28. 5	Sambucus nig.	e. B.	15. 6	9. 5	30. 5	7. 6	—	29. 5	24. 5	21. 5
28. 5	Secale cer. hib.	e. B.	4. 6	20. 5	—	2. 6	24. 5	30. 5	24. 5	4. 6
31. 5	Pinus sylv.	B. O. s.	8. 6	9. 5	—	21. 5	—	29. 5	4. 6	10. 5
31. 5	Rubus id.	e. B.	5. 6	20. 5	5. 6	3. 6	20. 5	29. 5	27. 5	26. 5
2. 6	Robinia pseud.	e. B.	—	23. 5	3. 6	3. 6	—	2. 6	27. 5	—
14. 6	Vitis vinif.	e. B.	1. 7	23. 5	24. 6	13. 6	20. 5	—	4. 6	15. 6
14. 6	Tritic. vulg. hib.	e. B.	26. 6	—	—	26. 6	10. 6	—	4. 6	24. 6
19. 6	Ligustrum vulg.	e. B.	15. 5	—	24. 6	23. 6	12. 6	—	8. 6	25. 6
20. 6	Ribes rub.	e. F.	3. 7	15. 6	26. 6	21. 6	—	23. 6	12. 6	26. 6
22. 6	Tilia grand.	e. B.	6. 7	30. 6	28. 6	1. 7	—	—	11. 6	23. 6
28. 6	Tilia parv.	e. B.	9. 7	—	30. 6	1. 7	—	29. 6	26. 6	29. 6
29. 6	Avena sat.	e. B.	21. 7	5. 7	—	3. 7	—	5. 7	26. 6	8. 7
3. 7	Rubus id.	e. F.	22. 7	5. 7	10. 7	10. 7	30. 6	8. 7	30. 6	25. 7
6. 7	Prunus pad.	e. F.	—	—	—	—	—	—	—	6. 7
19. 7	Secale cer. hib.	Anf. d. E.	6. 8	14. 7	—	30. 7	16. 7	13. 7	21. 7	27. 7
31. 7	Sorbus aucup.	e. F.	13. 8	—	28. 7	5. 8	—	18. 8	—	13. 8
2. 8	Sambucus nig.	e. F.	8. 9	2. 8	10. 8	4. 9	—	30. 8	13. 8	26. 8
4. 8	Tritic. vulg. hib.	Anf. d. E.	28. 8	—	—	16. 8	24. 7	—	10. 8	10. 8
9. 8	Avena sat.	Anf. d. E.	17. 9	6. 8	—	21. 8	4. 8	5. 9	20. 8	20. 8
10. 9	Ligustrum vulg.	e. F.	7. 9	—	12. 9	16. 9	—	—	—	10. 9
17. 9	Aesculus hipp.	e. F.	—	24. 9	20. 9	20. 9	—	23. 9	6. 10	20. 9
20. 9	Quercus ped.	e. F.	15. 10	20. 9	—	—	—	—	1. 10	—
—	Quercus sess.	e. F.	20. 10	—	—	—	—	—	1. 10	—
28. 9	Sorbus aucup.	a. L. V.	5. 10	20. 9	24. 9	—	—	17. 9	—	12. 9
10. 10	Aesculus hipp.	a. L. V.	—	23. 10	26. 10	—	—	13. 10	12. 10	10. 10
13. 10	Betula alba.	a. L. V.	25. 10	24. 10	30. 10	—	15. 10	26. 10	—	15. 10
—	Betula pub.	a. L. V.	—	—	—	—	—	—	—	—
14. 10	Fagus sylv.	a. L. V.	10. 10	24. 10	25. 10	12. 10	12. 10	24. 10	12. 10	10. 10
19. 10	Quercus ped.	a. L. V.	28. 10	24. 10	5. 11	—	16. 10	2. 11	12. 10	12. 10
—	Quercus sess.	a. L. V.	2. 11	—	5. 11	—	16. 10	—	12. 10	12. 10
21. 10	Larix europ.	a. L. V.	28. 10	23. 10	28. 10	10. 10	—	28. 10	—	10. 10
Durchschnittliche		Frühjahr	— 20	+ 1	— 10	— 8	+ 7	— 4	0	— 10
Eintrittszeit der		Sommer	— 22	+ 1	—	— 15	— 1	+ 2	— 6	— 12
Phänomene für		Herbst	— 6	— 9	— 13	+ 4	0	— 4	+ 1	+ 3

Pflanzen.

| mittl. Eintritt der Entwickl.-Phasen für Giessen. | Der Pflanzen | | Eintritt der Entwickl.-Phasen im Jahre 1890 an den Stationen: | | | | | | | |
	Namen.	Art der Entwickl.-Phase.	Giessen H.	Glindfeld P.	Grammentin P.	Grebenau H.	Grebenhain H.	Greifenhain H.	Gross-Bieberau H.	Gross-Umstadt (a) H.
11. 2	Coryl. avell.	e. B.	26. 1	15. 3	21. 2	20. 3	20. 3	21. 2	31. 1	28. 2
15. 3	Alnus glut.	e. B.	8. 3	28. 3	20. 3	24. 3	20. 3	18. 3	28. 3	17. 3
6. 4	Larix europ.	e. B.	30. 3	12. 4	5. 4	—	1. 5	6. 4	—	3. 4
10. 4	Aesculus hipp.	B. O. s.	4. 4	23. 4	12. 4	4. 5	1. 5	15. 4	—	27. 4
12. 4	Ribes gross.	e. B.	7. 4	18. 4	9. 4	16. 4	4. 5	17. 4	16. 4	9. 4
13. 4	Acer plat.	e. B.	7. 4	20. 4	9. 4	—	1. 4	17. 4	15. 4	—
14. 4	Ribes rub.	e. B.	8. 4	18. 4	23. 4	18. 4	4. 5	20. 4	16. 4	10. 4
14. 4	Tilia grand.	B. O. s.	13. 4	10. 5	18. 4	—	10. 5	25. 4	—	21. 4
17. 4	Larix europ.	B. O. s.	5. 4	25. 4	11. 4	17. 4	3. 5	14. 4	12. 4	8. 4
17. 4	Betula alba.	e. B.	15. 4	—	19. 4	—	—	28. 4	25. 4	8. 4
18. 4	Prunus avium.	e. B.	15. 4	2. 5	25. 4	—	7. 5	28. 4	—	10. 4
18. 4	Betula alba.	B. O. s.	17. 4	—	19. 4	20. 4	—	28. 4	28. 4	12. 4
19. 4	Prunus spin.	e. B.	15. 4	4. 5	23. 4	29. 4	8. 5	28. 4	1. 5	8. 4
19-21.4	Carpinus bet.	B.O.s-e.B.	16. 4	4. 5	17. 4	1. 5	11. 5	25. 4	24. 4	21. 4
20. 4	Aesculus hipp.	a. Bel.	20. 4	2. 5	4. 5	8. 4	8. 5	27. 4	29. 4	20. 4
—	Betula pub.	B. O. s.	—	—	—	—	—	—	—	—
—	Betula pub.	e. B.	—	—	—	—	—	—	—	—
21. 4	Fraxinus exc.	e. B.	15. 4	30. 4	23. 4	—	14. 5	—	1. 5	15. 4
23. 4	Prunus pad.	e. B.	24. 4	—	—	—	11. 5	—	—	—
23. 4	Pyrus comm.	e. B.	20. 4	4. 5	27. 4	5. 4	11. 5	29. 4	2. 5	19. 4
24. 4	Fagus sylv.	B. O. s.	18. 4	21. 4	22. 4	26. 5	1. 4	26. 4	29. 4	14. 4
28. 4	Pyrus mal.	e. B.	1. 5	10. 5	26. 4	14. 5	16. 5	9. 5	5. 5	29. 4
1. 5	Vitis vinif.	B. O. s.	4. 5	—	3. 5	—	—	5. 5	15. 5	1. 5
1. 5	Quercus ped.	B. O. s.	2. 5	12. 5	2. 5	—	13. 5	6. 5	8. 5	30. 4
—	Quercus sess.	B. O. s.	—	12. 5	—	—	14. 5	6. 5	—	28. 4
2. 5	Acer pseud.	e. B.	28. 4	7. 5	3. 5	5. 5	15. 5	2. 5	—	2. 5
3. 5	Fagus sylv.	Bu. gr.	25. 4	6. 5	5. 5	2. 5	8. 5	7. 5	12. 5	28. 4
3. 5	Abies pect.	B. O. s.	1. 5	17. 5	—	—	29. 5	4. 5	16. 5	7. 5
4. 5	Syringa vulg.	e. B.	7. 5	16. 5	14. 5	—	20. 5	12. 5	10. 5	4. 5
5. 5	Abies exc.	B. O. s.	1. 5	17. 5	7. 5	17. 5	16. 5	12. 5	11. 5	5. 5
—	Quercus ped.	Beg. d. Sch.	—	—	5. 5	—	—	13. 5	—	—
—	Quercus sess.	Beg. d. Sch.	—	—	—	—	—	13. 5	—	—
6. 5	Aesculus hipp.	e. B.	7. 5	13. 5	8. 5	18 5	19. 5	13. 5	18. 5	6. 5
9. 5	Crataegus ox.	e. B.	9. 5	18. 5	14. 5	17. 5	20. 5	14. 5	18. 5	9. 5
12. 5	Quercus ped.	e. B.	7. 5	30. 5	12. 5	—	12. 5	15. 5	—	8. 5
—	Quercus sess.	e. B.	—	26. 5	—	—	12. 5	15. 5	—	8. 5
12. 5	Spartium scop.	e. B.	9. 5	20. 5	24. 5	20. 5	—	15. 5	—	7. 5
14. 5	Quercus ped.	Ei. gr.	10. 5	17. 5	14. 5	9. 5	20. 5	16. 5	—	16. 5

Pflanzen.

mittl. Eintritt der Entwickl.-Phasen für Giessen.	Der Pflanzen Namen.	Art der Entwickl.-Phase.	Eintritt der Entwickl.-Phasen im Jahre 1890 an den Stationen:							
			Giessen H.	Glindfeld P.	Grammentin P.	Grebenau H.	Grebenhain H.	Greifenhain H.	Gross-Bieberau H.	Gross-Umstadt (a) H.
—	Quercus sess.	Ei. gr.	—	18. 5	—	9. 5	20. 5	16. 5	—	16. 5
15. 5	Cytisus lab.	e. B.	10. 5	23. 5	17. 5	—	—	15. 5	—	9. 5
16. 5	Sorbus aucup.	e. B.	11. 5	17. 5	18. 5	19. 5	1. 6	20. 5	—	19. 5
17. 5	Pinus sylv.	e. B.	13. 5	—	19. 5	26. 5	—	17. 5	23. 5	13. 5
28. 5	Sambucus nig.	e. B.	22. 5	28. 4	5. 6	28. 5	1. 7	30. 5	24. 5	21. 5
28. 5	Secale cer. hib.	e. B.	23. 5	8. 6	26. 5	4. 6	6. 6	5. 6	—	20. 5
31. 5	Pinus sylv.	B. O. s.	19. 5	—	—	26. 5	—	17. 5	12. 5	12. 5
31. 5	Rubus id.	e. B.	27. 5	8. 6	3. 6	1. 6	10. 6	6. 6	—	3. 6
2. 6	Robinia pseud.	e. B.	28. 5	—	7. 6	—	—	—	—	26. 5
14. 6	Vitis vinif.	e. B.	6. 6	—	17. 6	—	—	25. 6	—	20. 6
14. 6	Tritic. vulg. hib.	e. B.	20. 6	16. 7	16. 6	1. 7	10. 7	22. 6	—	10. 6
19. 6	Ligustrum vulg.	e. B.	6. 6	—	—	8. 7	—	8. 7	—	20. 6
20. 6	Ribes rub.	e. F.	12. 6	16. 7	29. 6	2. 7	18. 7	—	—	20. 6
22. 6	Tilia grand.	e. B.	16. 6	10. 7	29. 6	14. 7	30. 7	10. 7	—	18. 6
28. 6	Tilia parv.	e. B.	30. 6	13. 7	7. 7	20. 7	1. 8	18. 7	—	20. 6
29. 6	Avena sat.	e. B.	6. 7	17. 7	30. 6	14. 7	20. 7	29. 6	—	30. 6
3. 7	Rubus id.	e. F.	30. 6	15. 7	3. 7	14. 7	30. 7	15. 7	—	6. 7
6. 7	Prunus pad.	e. F.	14. 7	—	—	—	28. 7	—	—	—
19. 7	Secale cer. hib.	Anf. d. E.	15. 7	25. 7	18. 7	28. 7	8. 8	25. 7	—	18. 7
31. 7	Sorbus aucup.	e. F.	26. 7	16. 9	1. 8	24. 7	25. 8	28. 7	—	14. 7
2. 8	Sambucus nig.	e. F.	16. 8	20. 9	14. 8	—	15. 9	15. 8	—	12. 8
4. 8	Tritic. vulg. hib.	Anf. d. E.	5. 8	20. 8	3. 8	12. 8	24. 8	8. 8	—	4. 8
9. 8	Avena sat.	Anf. d. E.	5. 8	20. 8	13. 8	24. 8	25. 8	12. 8	15. 8	8. 8
10. 9	Ligustrum vulg.	e. F.	19. 9	—	—	—	—	9. 9	—	6. 9
17. 9	Aesculus hipp.	e. F.	11. 9	15. 10	18. 9	—	12. 10	20. 9	15. 9	20. 9
20. 9	Quercus ped.	e. F.	24. 9	20. 10	18. 9	1. 10	15. 10	25. 9	—	20. 9
—	Quercus sess.	e. F.	—	20. 10	—	1. 10	15. 10	25. 9	—	20. 9
28. 9	Sorbus aucup.	a. L. V.	29. 9	25. 9	16. 9	29. 9	3. 10	15. 9	—	16. 9
10. 10	Aesculus hipp.	a. L. V.	12. 10	20. 10	6. 10	29. 9	8. 10	22. 9	15. 10	14. 10
13. 10	Betula alba.	a. L. V.	15. 10	15. 10	16. 10	1. 10	—	25. 9	—	13. 10
—	Betula pub.	a. L. V.	—	—	—	—	—	25. 9	—	—
14. 10	Fagus sylv.	a. L. V.	13. 10	15. 10	19. 10	5. 10	19. 10	27. 9	18. 10	10. 10
19. 10	Quercus ped.	a. L. V.	15. 10	20. 10	22. 10	22. 10	2. 11	12. 10	—	18. 10
—	Quercus sess.	a. L. V.	—	20. 10	—	22. 10	2. 11	12. 10	—	18. 10
21. 10	Larix europ.	a. L. V.	17. 10	25. 10	10. 10	1. 10	20. 10	22. 9	16. 10	10. 10
Durchschnittliche Eintrittszeit der Phänomene für		Frühjahr	0	— 14	— 6	— 5	— 21	— 11	— 10	+ 3
		Sommer	0	— 10	— 3	— 13	— 24	— 10	—	— 3
		Herbst	0	— 3	0	+ 13	— 4	+ 20	— 2	+ 4

Pflanzen.

mittl. Eintritt der Entwickl.-Phasen für Giessen.	Der Pflanzen		Eintritt der Entwickl.-Phasen im Jahre 1890 an den Stationen:							
	Namen.	Art der Entwickl.-Phase.	Gr.-Umstadt(b)H.	Güglingen W.	Habichtswald P.	Hagenau E.	Hainbach H.	Haisterbach H.	Harzburg Br.	Hasenthal Th.
11. 2	Coryl. avell.	e. B.	5. 3	21. 4	17. 2	14. 2	15. 3	3. 3	22. 2	23. 3
15. 3	Alnus glut.	e. B.	10. 3	24. 4	25. 3	—	16. 3	14. 4	21. 3	—
6. 4	Larix europ.	e. B.	1. 4	2. 5	12. 4	16. 4	3. 4	20. 4	—	—
10. 4	Aesculus hipp.	B. O. s.	12. 4	30. 4	14. 4	4. 4	23. 4	19. 4	21. 4	6. 5
12. 4	Ribes gross.	e. B.	13. 4	10. 4	14. 4	23. 4	10. 4	10. 5	20. 4	4. 5
13. 4	Acer plat.	e. B.	14. 4	3. 5	14. 4	22. 4	16. 4	12. 5	25. 4	15. 5
14. 4	Ribes rub.	e. B.	18. 4	7. 4	16. 4	22. 4	18. 4	15. 5	27. 4	7. 5
14. 4	Tilia grand.	B. O. s.	15. 4	3. 5	26. 4	—	26. 4	18. 5	5. 5	15. 5
17. 4	Larix europ.	B. O. s.	9. 4	26. 4	14. 4	8. 4	5. 4	12. 4	25. 4	4. 5
17. 4	Betula alba.	e. B.	14. 4	23. 4	26. 4	25. 4	12. 4	20. 5	26. 4	—
18. 4	Prunus avium.	e. B.	25. 4	20. 4	27. 4	10. 4	23. 4	18. 4	27. 4	6. 5
18. 4	Betula alba.	B. O. S.	26. 4	28. 4	27. 4	16. 4	17. 4	20. 4	1. 5	7. 5
19. 4	Prunus spin.	e. B.	12. 4	25. 4	27. 4	10. 4	25. 4	14. 5	—	—
19-21.4	Carpinus bet.	B.O.s-e.B.	15. 4	8. 5	26. 4	28. 4	10. 4	6.-20.5	26. 4	—
20. 4	Aescul. hipp.	a. Bel.	3. 5	30. 4	26. 4	10. 4	29. 4	14. 5	28. 4	20. 5
—	Betula pub.	B. O. s.	—	2. 5	—	16. 4	—	20. 4	—	—
—	Betula pub.	e. B.	—	—	26. 4	—	—	20. 5	—	—
21. 4	Fraxinus exc.	e. B.	27. 4	5. 5	27. 4	21. 4	26. 4	18. 5	10. 5	—
23. 4	Prunus pad.	e. B.	—	2. 5	28. 4	25. 4	30. 4	20. 5	7. 5	—
23. 4	Pyrus comm.	e. B.	30. 4	30. 4	30. 5	28. 4	1. 5	18. 4	4. 5	—
24. 4	Fagus sylv.	B. O. s.	1. 5	1. 5	30. 5	14. 4	16. 4	15. 5	6. 5	2. 5
28. 4	Pyrus mal.	e. B.	26. 4	7· 5	30. 5	2. 5	1. 5	15. 5	5. 5	19. 5
1. 5	Vitis vinif.	B. O. s.	4. 5	15. 5	—	4. 5	8. 5	20. 5	—	—
1. 5	Quercus ped.	B. O. s.	4. 5	2. 5	4. 5	6. 5	8. 5	15. 5	14. 5	—
—	Quercus sess.	B. O. s.	3. 5	2. 5	—	6. 5	—	15. 5	14. 5	—
2. 5	Acer pseud.	e. B.	5. 5	—	—	8. 5	—	21. 5	8. 5	—
3. 5	Fagus sylv.	Bu. gr.	2. 5	3. 5	6. 5	11. 5	6. 5	18. 5	10. 5	10. 5
3. 5	Abies pect.	B. O. s.	9. 5	7. 5	11· 5	12. 5	15. 5	18. 5	19. 5	20. 5
4. 5	Syringa vulg.	e. B.	6. 5	7. 5	—	7. 5	13. 5	—	16. 5	21. 5
5. 5	Abies exc.	B. O. s.	2. 5	11. 5	4. 5	6. 5	12. 5	12. 5	16. 5	16. 5
—	Quercus ped.	Beg.d.Sch.	—	5. 5	6. 5	—	—	14. 5	—	—
—	Quercus sess.	Beg.d.Sch.	—	5. 5	—	—	—	14. 5	—	—
6. 5	Aesculus hipp.	e. B.	5. 5	11. 5	7. 5	11. 5	13. 5	18. 5	17. 5	—
9. 5	Crataegus ox.	e. B.	6. 5	18. 5	11. 5	17. 5	9. 5	24. 5	19. 5	—
12. 5	Quercus ped.	e. B.	7. 5	9. 5	11. 5	12. 5	15. 5	26. 5	18. 5	—
—	Quercus sess.	e. B.	8. 5	9. 5	—	15. 5	—	26. 5	18. 5	—
12. 5	Spartium scop.	e. B.	7. 5	21. 5	13. 5	16. 5	—	28. 5	22. 5	—
14. 5	Quercus ped.	Ei. gr.	18. 5	7. 5	15. 5	20. 5	20. 5	18. 5	21. 5	—

Pflanzen.

| mittl. Eintritt der Entwickl.-Phasen für Giessen. | Der Pflanzen | | Eintritt der Entwickl.-Phasen im Jahre 1890 an den Stationen: | | | | | | | |
	Namen.	Art der Entwickl.-Phase.	Gr.-Umstadt(b)H.	Güglingen W.	Habichtswald P.	Hagenau E.	Hainbach H.	Haisterbach H.	Harzburg Br.	Hasenthal Th.
—	Quercus sess.	Ei. gr.	18. 5	7. 5	—	20. 5	—	18. 5	21. 5	—
15. 5	Cytisus lab.	e. B.	7. 5	23. 5	15. 5	—	—	—	24. 5	—
16. 5	Sorbus aucup.	e. B.	20. 5	16. 5	17. 5	18. 5	15. 5	26. 5	19. 5	21. 5
17. 5	Pinus sylv.	e. B.	19. 5	19. 5	17. 5	22. 5	19. 5	28. 5	—	—
28. 5	Sambucus nig.	e. B.	20. 5	1. 6	—	—	28. 5	4. 6	2. 6	17. 5
28. 5	Secale cer. hib.	e. B.	20. 5	15. 6	25. 5	26. 5	30. 5	6. 6	24. 5	—
31. 5	Pinus sylv.	B. O. s.	8. 5	8. 5	13. 5	14. 5	15. 5	22. 5	20. 5	—
31. 5	Rubus id.	e. B.	4. 6	10. 6	29. 5	29. 5	6. 6	10. 6	5. 6	10. 6
2. 6	Robinia pseud.	e. B.	1. 6	6. 6	—	28. 5	5. 6	—	30. 5	—
14. 6	Vitis vinif.	e. B.	16. 6	5. 6	—	11. 6	5. 7	20. 6	—	—
14. 6	Tritic. vulg. hib.	e. B.	7. 6	18. 6	20. 6	12. 6	20. 6	20. 6	12. 6	—
19. 6	Ligustrum vulg.	e. B.	12. 6	15. 6	—	19. 6	—	—	18. 6	—
20. 6	Ribes rub.	e. F.	18. 6	20. 6	24. 6	16. 6	30. 6	26. 6	18. 6	3. 7
22. 6	Tilia grand.	e. B.	18. 6	20. 6	20. 6	18. 6	30. 6	28. 6	20. 6	—
28. 6	Tilia parv.	e. B.	20. 6	—	30. 6	25. 6	10. 7	4. 7	—	—
29. 6	Avena sat.	e. B.	—	5. 7	1. 7	27. 6	5. 7	10. 7	10. 7	1. 7
3. 7	Rubus id.	e. F.	14. 7	6. 7	15. 7	2. 7	9. 7	15. 7	1. 7	19. 7
6. 7	Prunus pad.	e. F.	—	4. 7	—	4. 7	—	15. 7	30. 6	—
19. 7	Secale cer. hib.	Anf. d. E.	14. 7	20. 7	26. 7	28. 7	25. 7	25. 7	22. 7	—
31. 7	Sorbus aucup.	e. F.	16. 7	5. 8	2. 8	2. 8	30. 7	24. 7	2. 8	12. 8
2. 8	Sambucus nig.	e. F.	6. 8	4. 9	—	16. 8	17. 8	20. 8	18. 8	23. 9
4. 8	Tritic. vulg. hib.	Anf. d. E.	31. 8	6. 8	10. 8	8. 8	6. 8	15. 8	2. 8	—
9. 8	Avena sat.	Anf. d. E.	29. 8	25. 8	16. 8	26. 8	15. 8	20. 8	22. 8	19. 8
10. 9	Ligustrum vulg.	e. F.	6. 9	15. 9	—	6. 9	—	—	4. 9	—
17. 9	Aesculus hipp.	e. F.	12. 9	20. 9	20. 9	14. 9	—	24. 9	20. 9	—
20. 9	Quercus ped.	e. F.	14. 9	15. 9	24. 9	22. 9	—	26. 9	20. 9	—
—	Quercus sess.	e. F.	14. 9	—	—	23. 9	—	26. 9	20. 9	—
28. 9	Sorbus aucup.	a. L. V.	6. 9	16. 9	16. 9	8. 9	19. 9	15. 9	5. 9	21. 9
10. 10	Aesculus hipp.	a. L. V.	6. 10	2. 10	8. 10	12. 10	—	20. 10	1. 10	—
13. 10	Betula alba.	a. L. V.	14. 10	15. 10	20. 10	10. 10	20. 10	14. 10	5. 10	—
—	Betula pub.	a. L. V.	—	—	—	—	—	14. 10	—	—
14. 10	Fagus sylv.	a. L. V.	26. 10	22. 10	22. 10	15. 10	20. 10	20. 10	3. 10	—
19. 10	Quercus ped.	a. L. V.	10. 10	26. 10	28. 10	20. 10	20. 10	28. 10	6. 10	—
—	Quercus sess.	a. L. V.	10. 10	—	✚	20. 10	—	1. 11	6. 10	—
21. 10	Larix europ.	a. L. V.	12. 10	—	8. 10	11. 10	15. 10	20. 10	3. 10	—
Durchschnittliche Eintrittszeit der Phänomene für { Frühjahr			— 3	— 7	— 17	— 3	— 6	— 20	— 12	— 23
Sommer			✚ 1	— 5	— 11	— 13	— 10	— 10	— 7	—
Herbst			— 2	— 4	— 2	✚ 3	— 3	— 3	✚ 11	—

Pflanzen.

mittl. Eintritt der Entwickl.-Phasen für Giessen.	Der Pflanzen		Eintritt der Entwickl.-Phasen im Jahre 1890 an den Stationen:							
	Namen.	Art der Entwickl.-Phase.	Heidenheim a. B. W.	Heiligkreuzthal W.	Heimburg Br.	Heinrichsruh bei Schleiz Th.	Heisterbacherrott P.	Heldburg Th.	Herrenalb W.	Hessen Br.
11. 2	Coryl. avell.	e. B.	17. 3	—	18. 3	18. 3	20. 1	10. 3	4. 2	24. 1
15. 3	Alnus glut.	e. B.	26. 3	—	—	28. 3	1. 3	18. 3	—	—
6. 4	Larix europ.	e. B.	12. 4	—	21. 4	11. 4	1. 4	4. 4	28. 3	30. 3
10. 4	Aesculus hipp.	B. O. s.	28. 4	—	25. 4	22. 4	4. 4	10. 4	9. 4	—
12. 4	Ribes gross.	e. B.	23. 4	—	4. 4	15. 4	6. 4	16. 4	11. 4	14. 4
13. 4	Acer plat.	e. B.	25. 4	—	25. 4	25. 4	—	8. 4	—	—
14. 4	Ribes rub.	e. B.	25. 4	—	25. 4	—	9. 4	16. 4	16. 4	24. 4
14. 4	Tilia grand.	B. O. s.	6. 5	—	4. 5	12. 5	9. 4	28. 4	—	—
17. 4	Larix europ.	B. O. s.	23. 4	—	1. 5	10. 4	3. 4	7. 4	6. 4	12. 4
17. 4	Betula alba.	e. B.	24. 4	—	—	—	15. 4	20. 4	15. 4	27. 4
18. 4	Prunus avium.	e. B.	26. 4	—	27. 4	26. 5	5. 4	24. 4	18. 4	20. 4
18. 4	Betula alba.	B. O. s.	26. 4	—	25. 4	21. 4	17. 4	24. 4	18. 4	28. 4
19. 4	Prunus spin.	e. B.	20. 4	—	20. 4	—	4. 4	24. 4	—	19. 4
19-21.4	Carpinus bet.	B.O.s-e.B.	3. 5	—	25. 4	19. 4	10. 4	18. 4	25. 4	30. 4
20. 4	Aesculus hipp.	a. Bel.	6. 5	—	5. 5	—	15. 4	3. 5	25. 4	—
—	Betula pub.	B. O. s.	22. 4	—	—	19. 4	—	18. 4	—	7. 4
—	Betula pub.	e. B.	23. 4	—	—	—	—	20. 4	—	26. 4
21. 4	Fraxinus exc.	e. B.	26. 4	—	9. 5	22. 5	—	30. 4	—	—
23. 4	Prunus pad.	e. B.	4. 5	—	—	18. 5	20. 4	1. 5	—	—
23. 4	Pyrus comm.	e. B.	3. 5	—	25. 4	—	18. 4	1. 5	30. 4	23. 4
24. 4	Fagus sylv.	B. O. s.	23. 4	—	25. 4	19. 4	9. 4	20. 4	17. 4	18. 4
28. 4	Pyrus mal.	e. B.	9. 5	—	7. 5	—	21. 4	10. 5	7. 5	27. 4
1. 5	Vitis vinif.	B. O. s.	—	—	8. 5	—	27. 4	5. 5	30. 4	2. 5
1. 5	Quercus ped.	B. O. s.	7. 5	—	8. 5	7. 5	24. 4	4. 5	1. 5	4. 5
—	Quercus sess.	B. O. s.	—	—	8. 5	—	27. 4	4. 5	1. 5	10. 5
2. 5	Acer pseud.	e. B.	9. 5	—	1. 5	12. 5	2. 5	5. 5	—	5. 5
3. 5	Fagus sylv.	Bu. gr.	9. 5	—	5. 5	3. 5	25. 4	4. 5	1. 5	2. 5
3. 5	Abies pect.	B. O. s.	15. 5	—	—	8. 5	6. 5	6. 5	5. 5	—
4. 5	Syringa vulg.	e. B.	15. 5	—	11. 5	12. 5	3. 5	12. 5	—	10. 5
5. 5	Abies exc.	B. O. s.	8. 5	—	13. 5	10. 5	2. 5	4. 5	3. 5	—
—	Quercus ped.	Beg. d.Sch.	12. 5	—	8. 5	—	1. 5	3. 5	—	—
—	Quercus sess.	Beg. d.Sch.	—	—	8. 5	—	1. 5	3. 5	—	—
6. 5	Aesculus hipp.	e. B.	14. 5	—	11. 5	—	6. 5	14. 5	10. 5	10. 5
9. 5	Crataegus ox.	e. B.	18. 5	—	6. 5	—	7. 5	14. 5	—	10. 5
12. 5	Quercus ped.	e. B.	20. 5	—	—	—	—	12. 5	—	18. 5
—	Ouercus sess.	e. B.	—	—	14. 5	—	—	18. 5	—	18. 5
12. 5	Spartium scop.	e. B.	—	—	14. 5	—	24. 4	—	7. 5	—
14. 5	Quercus ped.	Ei. gr.	22. 5	—	—	—	9. 5	15. 5	11. 5	15. 5

Pflanzen.

| mittl. Eintritt der Entwickl.-Phasen für Giessen. | Der Pflanzen | | Eintritt der Entwickl.-Phasen im Jahre 1890 an den Stationen: | | | | | | | |
	Namen.	Art der Entwickl.-Phase.	Heidenheim a.B. W.	Heiligkreuzthal W.	Heimburg Br.	Heinrichsruh bei Schleiz Th.	Heisterbacherrott P.	Heldburg Th.	Herrenalb W.	Hessen Br.
—	Quercus sess.	Ei. gr.	22. 5	—	—	—	9. 5	15. 5	11. 5	—
15. 5	Cytisus lab.	e. B.	20. 5	—	14. 5	20. 5	10. 5	—	—	—
16. 5	Sorbus aucup.	e. B.	19. 5	—	15. 5	—	10. 5	—	22. 5	20. 5
17. 5	Pinus sylv.	e. B.	22. 5	—	—	—	12. 5	—	23. 5	—
28. 5	Sambucus nig.	e. B.	10. 6	—	—	—	25. 5	5. 6	7. 6	—
28. 5	Secale cer. hib.	e. B.	4. 6	—	27. 5	30. 5	26. 5	30. 5	7. 6	24. 5
31. 5	Pinus sylv.	B. O. s.	17. 5	—	—	—	9. 5	18. 5	8. 5	—
31. 5	Rubus id.	e. B.	31. 5	—	28. 5	—	4. 6	—	15. 6	—
2. 6	Robinia pseud.	e. B.	8. 6	—	—	—	4. 6	—	13. 6	2. 6
14. 6	Vitis vinif.	e. B.	4. 7	—	20. 6	—	17. 6	—	29. 6	18. 6
14. 6	Tritic. vulg. hib.	e. B.	18. 6	—	—	22. 6	14. 6	13. 6	—	—
19. 6	Ligustrum vulg.	e. B.	6. 7	—	1. 7	—	16. 6	20. 6	—	—
20. 6	Ribes rub.	e. F.	12. 7	—	—	—	19. 6	25. 6	20. 6	21. 6
22. 6	Tilia grand.	e. B.	6. 7	—	—	2. 7	20. 6	—	—	28. 6
28. 6	Tilia parv.	e. B.	24. 7	—	—	—	28. 6	—	—	—
29. 6	Avena sat.	e. B.	14. 7	—	—	—	3. 7	—	—	—
3. 7	Rubus id.	e. F.	12. 7	—	—	—	6. 7	—	9. 7	2. 7
6. 7	Prunus pad.	e. F.	—	—	—	—	7. 7	—	—	—
19. 7	Secale cer. hib.	Anf. d. E.	3. 8	—	—	28. 7	17. 7	24. 7	2. 8	31. 7
31. 7	Sorbus aucup.	e. F.	7. 8	—	20. 8	—	27. 7	—	7. 8	4. 8
2. 8	Sambucus nig.	e. F.	15. 8	—	—	—	14. 8	—	20. 8	—
4. 8	Tritic. vulg. hib.	Anf. d. E.	7. 8	—	—	—	4. 8	5. 8	—	7. 8
9. 8	Avena sat.	Anf. d. E.	16. 8	—	5. 9	—	16. 8	15. 8	—	12. 8
10. 9	Ligustrum vulg.	e. F.	14. 9	—	—	—	10. 9	—	—	—
17. 9	Aesculus hipp.	e. F.	8. 10	—	—	—	15. 9	—	25. 9	—
20. 9	Quercus ped.	e. F.	—	—	—	—	—	—	—	—
—	Quercus sess.	e. F.	—	—	—	—	—	—	—	13. 10
28. 9	Sorbus aucup.	a. L. V.	1. 10	—	8. 9	—	14. 9	—	23. 9	5. 10
10. 10	Aesculus hipp.	a. L. V.	12. 10	—	—	—	12. 10	—	12. 10	—
13. 10	Betula alba.	a. L. V.	12. 10	—	—	5. 10	16. 10	—	17. 10	7. 10
—	Betula pub.	a. L. V.	12. 10	—	—	—	—	—	—	7. 10
14. 10	Fagus sylv.	a. L. V.	12. 10	—	28. 9	18. 10	20. 10	—	15. 10	10. 10
19. 10	Quercus ped.	a. L. V.	12. 10	—	—	1. 11	24 10	—	16. 10	—
—	Quercus sess.	a. L. V.	12. 10	—	—	—	25. 10	—	16. 10	20. 10
21. 10	Larix europ.	a. L. V.	12. 10	—	—	14. 10	12. 10	—	18. 10	30. 10
Durchschnittliche		Frühjahr	— 10	—	— 9	— 32	+ 5	— 8	— 5	— 6
Eintrittszeit der		Sommer	— 19	—	—	— 13	— 2	— 9	— 17	— 16
Phänomene für		Herbst	+ 3	—	+ 15	+ 3	— 1	—	— 2	— 1

Pflanzen.

mittl. Eintritt der Entwickl.-Phasen für Giessen.	Der Pflanzen		Eintritt der Entwickl.-Phasen im Jahre 1890 an den Stationen:							
	Namen.	Art der Entwickl.-Phase.	Heubach H.	Heyda Th.	Hilders P.	Hirschkopf E.	Hohegeiss Br.	Hohenheim W.	Hohenholte P.	Hollerath P.
11. 2	Coryl. avell.	e. B.	24. 2	4. 3	4. 2	23. 2	20. 3	15. 2	16. 2	26. 3
15. 3	Alnus glut.	e. B.	17. 3	—	18. 3	22. 3	—	22. 3	19. 3	—
6. 4	Larix europ.	e. B.	—	15. 4	20. 4	15. 4	—	8. 4	—	—
10. 4	Aesculus hipp.	B. O. s.	15. 4	—	29. 3	28. 4	—	12. 4	—	—
12. 4	Ribes gross.	e. B.	15. 4	—	17. 4	22. 4	30. 4	15. 4	8. 4	4. 5
13. 4	Acer plat.	e. B.	—	—	25. 4	21. 4	—	19. 4	—	—
14. 4	Ribes rub.	e. B.	15. 4	20. 4	23. 4	20. 4	—	17. 4	17. 4	4. 5
14. 4	Tilia grand.	B. O. s.	—	—	28. 4	27. 4	—	20. 4	10. 4	—
17. 4	Larix europ.	B. O. s.	4. 4	—	18. 4	22. 4	—	8. 4	—	—
17. 4	Betula alba.	e. B.	12. 4	1. 5	2. 5	—	—	18. 4	16. 4	—
18. 4	Prunus avium.	e. B.	9. 4	—	27. 4	25. 4	6. 5	19. 4	8. 4	—
18. 4	Betula alba.	B. O. s.	14. 4	5. 5	5. 5	25. 4	—	24. 4	17. 4	—
19. 4	Prunus spin.	e. B.	9. 4	—	29. 4	21. 4	—	17. 4	27. 4	3. 5
19-21.4	Carpinus bet.	B. O. s-e. B.	26. 4	—	1. 5	23. 4	—	22. 4	7.4-13.4	—
20. 4	Aescul. hipp.	a. Bel.	3. 5	—	1. 5	29. 4	—	28. 4	—	—
—	Betula pub.	B. O. s.	—	—	—	—	—	18. 4	—	—
—	Betula pub.	e. B.	—	—	—	—	—	18. 4	—	—
21. 4	Fraxinus exc.	e. B.	24. 4	—	30. 4	26. 4	12. 5	25. 4	17. 4	—
23. 4	Prunus pad.	e. B.	—	—	2. 5	—	—	26. 4	—	—
23. 4	Pyrus comm.	e. B.	19. 4	—	5. 5	—	14. 5	26. 4	17. 4	—
24. 4	Fagus sylv.	B. O. s.	15. 4	7. 5	1. 5	23. 4	—	25. 4	18. 4	13. 5
28. 4	Pyrus mal.	e. B.	21. 4	—	12. 5	4. 5	17. 5	3. 5	2. 5	—
1. 5	Vitis vinif.	B. O. s.	30. 4	—	—	—	—	4. 5	4. 5	—
1. 5	Quercus ped.	B. O. s.	29. 5	—	—	12. 5	—	27. 4	4. 5	5. 6
—	Quercus sess.	B. O. s.	29. 5	15. 5	15. 5	—	—	27. 4	4. 5	—
2. 5	Acer. pseud.	e. B.	8. 5	—	10. 5	9. 5	15. 5	3. 5	2. 5	—
3. 5	Fagus sylv.	Bu. gr.	29. 4	15. 5	7. 5	8. 5	17. 5	4. 5	7. 5	14. 5
3. 5	Abies pect.	B. O. s.	8. 5	—	20. 5	26. 5	24. 5	6. 5	12. 5	10. 6
4. 5	Syringa vulg.	e. B.	4. 5	—	20. 5	10. 5	21. 5	7. 5	—	—
5. 5	Abies exc.	B. O. s.	6. 5	—	20. 5	11. 5	—	10. 5	6. 5	11. 6
—	Quercus ped.	Beg. d. Sch.	—	17. 5	—	—	—	5. 5	—	18. 5
—	Quercus sess.	Beg. d. Sch.	—	—	—	—	—	5. 5	—	—
6. 5	Aesculus hipp.	e. B.	7. 5	—	17. 5	13 5	—	10. 5	—	—
9. 5	Crataegus ox.	e. B.	7. 5	—	17. 5	19. 5	—	12. 5	10. 5	18. 5
12. 5	Quercus ped.	e. B.	8. 5	—	—	26. 5	—	8. 5	12. 5	—
—	Quercus sess.	e. B.	8. 5	—	25. 5	—	—	8. 5	12. 5	—
12. 5	Spartium scop.	e. B.	8. 5	—	—	29. 5	—	11. 5	—	8. 6
14. 5	Quercus ped.	Ei. gr.	14. 5	—	—	30. 5	—	12. 5	17. 5	1. 6

Pflanzen.

mittl. Eintritt der Entwickl.-Phasen für Giessen.	Der Pflanzen Namen.	Art der Entwickl.-Phase.	Eintritt der Entwickl.-Phasen im Jahre 1890 an den Stationen:							
			Heubach H.	Heyda Th.	Hilders P.	Hirschkopf E.	Hohegeiss Br.	Hohenheim W.	Hohenholte P.	Hollerath P.
—	Quercus sess.	Ei. gr.	14. 5	—	—	29. 5	—	12. 5	17. 5	—
15. 5	Cytisus lab.	e. B.	—	—	—	—	—	15. 5	—	—
16. 5	Sorbus aucup.	e. B.	14. 5	—	22. 5	29. 5	26. 5	14. 5	—	17. 5
17. 5	Pinus sylv.	e. B.	14. 5	1. 6	22. 5	29. 5	—	12. 5	—	—
28. 5	Sambucus nig.	e. B.	18. 5	—	30. 5	10. 6	20. 6	15. 5	3. 6	—
28. 5	Secale cer. hib.	e. B.	18. 5	12. 6	28. 5	10. 6	10. 6	—	8. 6	18. 6
31. 5	Pinus sylv.	B. O. s.	10. 5	—	20. 5	—	—	20. 5	—	—
31. 5	Rubus id.	e. B.	21. 5	—	2. 6	14. 6	18. 6	12. 6	—	15. 6
2. 6	Robinia pseud.	e. B.	29. 5	—	—	14. 6	—	2. 6	—	—
14. 6	Vitis vinif.	e. B.	24. 6	—	—	—	—	21. 6	12. 6	—
14. 6	Tritic. vulg. hib.	e. B.	9. 6	—	17. 6	—	—	27. 6	22. 6	—
19. 6	Ligustrum vulg.	e. B.	6. 6	—	—	—	—	25. 6	—	—
20. 6	Ribes rub.	e. F.	20. 6	—	26. 6	25. 6	—	24. 6	28. 6	12. 7
22. 6	Tilia grand.	e. B.	3. 7	—	10. 7	29. 6	—	10. 7	24. 6	—
28. 6	Tilia parv.	e. B.	10. 7	—	10. 7	5. 7	—	14. 7	29. 6	—
29. 6	Avena sat.	e. B.	24. 6	—	12. 7	10. 7	—	—	5. 7	26. 7
3. 7	Rubus id.	e. F.	4. 7	—	20. 7	17. 7	—	5. 7	3. 7	28. 7
6. 7	Prunus pad.	e. F.	—	—	—	12. 7	—	30. 6	—	—
19. 7	Secale cer. hib.	Anf. d. E.	14. 7	10. 8	20. 7	13. 8	24. 8	24. 7	28. 7	16. 8
31. 7	Sorbus aucup.	e. F.	14. 7	—	—	11. 8	—	28. 7	11. 8	15. 9
2. 8	Sambucus nig.	e. F.	16. 8	—	18. 8	21. 8	—	29. 7	16. 8	—
4. 8	Tritic. vulg. hib.	Anf. d. E.	2. 8	27. 8	8. 8	—	—	30. 7	10. 8	—
9. 8	Avena sat.	Anf. d. E.	1. 8	1. 9	25. 8	30. 8	—	—	2. 9	10. 9
10. 9	Ligustrum vulg.	e. F.	9. 9	—	—	—	—	1. 9	—	—
17. 9	Aesculus hipp.	e. F.	—	—	—	23. 9	—	5. 9	19. 9	—
20. 9	Quercus ped.	e. F.	22. 9	—	—	7. 10	—	15. 9	15. 10	—
—	Quercus sess.	e. F.	22. 9	—	—	—	—	—	15. 10	—
28. 9	Sorbus aucup.	a. L. V.	15. 9	—	30. 9	19. 9	8. 10	3. 9	14. 9	21. 9
10. 10	Aesculus hipp.	a. L. V.	—	—	15. 10	10. 10	—	30. 9	—	—
13. 10	Betula alba.	a. L. V.	20. 10	—	15. 10	12. 10	—	1. 10	20. 10	—
—	Betula pub.	a. L. V.	—	—	—	—	—	1. 10	—	—
14. 10	Fagus sylv.	a. L. V.	14. 10	—	15. 10	14. 10	17. 10	12. 10	25. 10	26. 9
19. 10	Quercus ped.	a. L. V.	16. 10	—	—	20. 10	—	24. 10	25. 10	26. 9
—	Quercus sess.	a. L. V.	16. 10	—	15. 10	—	—	24. 10	25. 10	—
21. 10	Larix europ.	a. L. V.	12. 10	—	15. 10	11. 10	—	—	—	—
Durchschnittliche	Frühjahr		+ 3	— 14	— 13	— 8	— 20	— 4	— 2	— 22
Eintrittszeit der	Sommer		+ 1	— 26	— 5	— 29	— 40	— 9	— 13	— 32
Phänomene für	Herbst		0	—	0	+ 3	— 4	+ 7	— 8	+ 1

Pflanzen.

mittl. Eintritt der Entwickl.-Phasen für Giessen	Der Pflanzen		Eintritt der Entwickl.-Phasen im Jahre 1890 an den Stationen:							
	Namen.	Art der Entwickl. Phase.	Homberg H.	Hüppelröttchen P.	Hürtgen b.Düren P.	Ibenhorst P.	St. Johann P.	Johannisburg P.	Justingen W.	Kandern B.
11. 2	Coryl. avell.	e. B.	12. 3	11. 3	2. 3	31. 3	25. 1	20, 2	20. 3	—
15. 3	Alnus glut.	e. B.	20. 3	16. 3	21. 3	10. 4	17. 3	20. 3	—	10. 3
6. 4	Larix europ.	e. B.	—	28. 3	16. 4	24. 4	6. 4	12. 4	12. 4	—
10. 4	Aesculus hipp.	B. O. s.	17. 4	25. 3	6. 5	3. 5	8. 4	—	15. 4	7. 4
12. 4	Ribes gross.	e. B.	18. 4	16. 4	26. 4	3. 5	15. 4	15. 4	20. 4	—
13. 4	Acer plat.	e. B.	—	—	1. 5	4. 5	—	15. 4	26. 4	—
14. 4	Ribes rub.	e. B.	20. 4	16. 4	26. 4	3. 5	18. 4	18. 4	25. 4	—
14. 4	Tilia grand.	B. O. s.	8. 5	20. 4	17. 4	—	18. 4	17. 4	26. 4	17. 4
17. 4	Larix europ.	B. O. s.	17. 4	2. 4	20. 4	28. 4	6. 4	15. 4	18. 4	5. 4
17. 4	Betula alba.	e. B.	30. 4	15. 4	27. 4	4. 5	18. 4	25. 4	25. 4	—
18. 4	Prunus avium.	e. B.	19. 4	18. 4	30. 4	6. 5	15. 4	18. 4	22. 4	11. 4
18. 4	Betula alba.	B. O. s.	30. 4	20. 4	29. 4	5. 5	—	28. 4	27. 4	14. 4
19. 4	Prunus spin.	e. B.	2. 5	17. 4	8. 5	10. 5	9. 4	28. 4	26. 4	—
19-21.4	Carpinus bet.	B.O. s-e.B.	30. 4	28. 4	28. 4	—	7. 4	25. 4	26. 4	—
20. 4	Aesculus hipp.	a. Bel.	7. 5	28. 4	9. 5	7. 5	2. 5	—	26. 4	20. 4
—	Betula pub.	B. O. s.	—	—	29. 4	6. 5	—	—	—	—
—	Betula pub.	e. B.	—	—	27. 4	4. 5	—	—	—	—
21. 4	Fraxinus exc.	e. B.	—	28. 4	6. 5	15. 5	—	1. 5	8. 5	26. 4
23. 4	Prunus pad.	e. B.	30. 4	—	7. 5	9. 5	20. 4	3. 5	6. 5	—
23. 4	Pyrus comm.	e. B.	4. 5	1. 5	9. 5	13. 5	20. 4	16. 4	6. 5	16. 4
24. 4	Fagus sylv.	B. O. s.	17. 5	10. 4	2. 5	—	20. 4	18. 4	28. 4	10. 4
28. 4	Pyrus mal.	e. B.	9. 5	28. 4	30. 4	15. 5	27. 4	10. 5	9. 5	29. 4
1. 5	Vitis vinif.	B. O. s.	—	3. 5	—	—	26. 4	10. 5	—	—
1. 5	Quercus ped.	B. O. s.	10. 5	4. 5	21. 5	16. 5	28. 4	18. 5	10. 5	—
—	Quercus sess.	B. O. s.	10. 5	4. 5	21. 5	18. 5	2. 5	18. 5	10. 5	—
2. 5	Acer pseud.	e. B.	—	—	—	—	8. 5	12. 5	4. 5	29. 4
3. 5	Fagus sylv.	Bu. gr.	1. 5	20. 4	12. 5	—	7. 5	6. 5	7. 5	3. 5
3. 5	Abies pect.	B. O. s.	—	5. 5	24. 5	—	9. 5	17. 5	11. 5	—
4. 5	Syringa vulg.	e. B.	12. 5	7. 6	—	20. 5	6. 5	10. 5	8. 5	—
5. 5	Abies exc.	B. O. s.	—	4. 5	25. 5	18. 5	6. 5	10. 5	7. 5	—
—	Quercus ped.	Beg.d.Sch.	—	28. 4	6. 5	—	—	—	—	—
—	Quercus sess.	Beg.d.Sch.	—	28. 4	6. 5	—	—	—	—	—
6. 5	Aesculus hipp.	e. B.	12. 5	28. 4	4. 6	21. 5	8. 5	—	9. 5	9. 5
9. 5	Crataegus ox.	e. B.	14. 5	10. 5	20. 5	—	9. 5	15. 5	10. 5	8. 5
12. 5	Quercus ped.	e. B.	14. 5	3. 5	30. 5	18. 5	9. 5	18. 5	12. 5	—
—	Quercus sess.	e. B.	14. 5	8. 5	30. 5	20. 5	9. 5	18. 5	12. 5	—
12. 5	Spartium scop.	e. B.	—	14. 5	14. 5	—	9. 5	17. 5	—	—
14. 5	Quercus ped.	Ei. gr.	—	10. 5	2. 6	—	16. 5	25. 5	14. 5	13. 5

Pflanzen.

| mittl. Eintritt der Entwickl.-Phasen für Giessen. | Der Pflanzen | | Eintritt der Entwickl.-Phasen im Jahre 1890 an den Stationen: | | | | | | | |
	Namen.	Art der Entwickl.-Phase.	Homberg H.	Hüppelröttchen P.	Hürtgen b.Düren P.	Ibenhorst P.	St. Johann P.	Johannisburg P.	Justingen W.	Kandern B.
—	Quercus sess.	Ei. gr.	—	10. 5	2. 6	—	—	25. 5	14. 5	13. 5
15. 5	Cytisus lab.	e. B.	—	—	—	—	11. 5	—	—	—
16. 5	Sorbus aucup.	e. B.	14. 5	10. 5	29. 5	28. 5	—	25. 5	16. 5	13. 5
17. 5	Pinus sylv.	e. B.	—	20. 5	3. 6	29. 5	16. 5	—	16. 5	16. 5
28. 5	Sambucus nig.	e. B.	10. 6	17. 5	18. 6	29. 5	28. 5	5. 6	18. 5	24. 5
28. 5	Secale cer. hib.	e. B.	8. 6	28. 5	15. 6	30. 5	25. 5	8. 6	20. 5	29. 5
31. 5	Pinus sylv.	B. O. s.	—	14. 5	—	25. 5	10. 5	18. 5	12. 5	—
31. 5	Rubus id.	e. B.	—	2. 6	16. 6	18. 5	24. 5	10. 6	20. 5	—
2. 6	Robinia pseud.	e. B.	10. 6	—	21. 6	—	31. 5	—	—	26. 5
14. 6	Vitis vinif.	e. B.	—	1. 7	—	—	18. 6	—	—	—
14. 6	Tritic. vulg. hib.	e. B.	24. 6	3. 6	—	—	—	25. 6	—	—
19. 6	Ligustrum vulg.	e. B.	—	—	—	30. 6	25. 6	3. 7	26. 6	21. 6
20. 6	Ribes rub.	e. F.	26. 6	12. 6	18. 7	29. 6	24. 6	1. 7	20. 6	22. 6
22. 6	Tilia grand.	e. B.	—	8. 6	—	—	27. 6	30.6	22. 6	25. 6
28. 6	Tilia parv.	e. B.	12. 7	14. 6	25. 6	3. 7	3. 7	—	22. 6	2. 7
29. 6	Avena sat.	e. B.	8 7	20. 6	16. 7	30. 6	29. 6	2. 7	3. 7	—
3. 7	Rubus id.	e. F.	9. 7	9. 7	18. 7	10. 7	28. 6	15. 7	3. 7	30. 6
6. 7	Prunus pad.	e. F.	—	—	26. 7	12. 7	—	—	5. 7	—
19. 7	Secale cer. hib.	Anf. d. E.	25. 7	2. 8	20. 8	15. 7	15. 7	1. 8	4. 7	21. 7
31. 7	Sorbus aucup.	e. F.	20. 8	14. 7	26. 8	5. 8	26. 7	15. 8	15. 8	28. 7
2. 8	Sambucus nig.	e. F.	25. 8	12. 8	27. 8	10. 8	15. 8	15 8	—	20. 8
4. 8	Tritic. vulg. hib.	Anf. d. E.	12. 8	12. 8	—	—	—	1. 8	—	1. 8
9. 8	Avena sat.	Anf. d. E.	20. 8	20. 8	29. 8	10. 8	16. 8	20. 8	22. 8	—
10. 9	Ligustrum vulg.	e. F.	—	—	—	9. 9	10. 9	—	18. 9	—
17. 9	Aesculus hipp.	e. F.	—	10. 10	—	20. 9	—	—	24. 9	18. 9
20. 9	Quercus ped.	e. F.	—	12. 10	22. 10	25. 9	24. 9	20. 9	27. 9	—
—	Quercus sess.	e. F.	—	12. 10	22. 10	28. 9	24. 9	25. 9	27. 9	—
28. 9	Sorbus aucup.	a. L. V.	—	28. 9	5. 10	12. 9	18. 9	15. 9	22. 9	—
10. 10	Aesculus hipp.	a. L. V.	—	25. 10	—	12. 10	30. 9	—	26. 9	—
13. 10	Betula alba.	a. L. V.	—	20. 10	1. 11	17. 10	2. 10	15. 10	24. 9	—
—	Betula pub.	a. L. V.	—	—	1. 11	17. 10	—	—	—	—
14. 10	Fagus sylv.	a. L. V.	—	19. 10	20. 10	—	4. 10	20. 10	26. 9	13. 10
19. 10	Quercus ped.	a. L. V.	—	17. 10	20. 10	20. 10	4. 10	30. 10	28. 9	13. 10
—	Quercus sess.	a. L. V.	—	17. 10	20. 10	20. 10	4. 10	30. 10	28. 9	—
21. 10	Larix europ.	a. L. V.	—	18. 10	29. 10	10. 10	2. 10	15. 10	22. 9	—
Durchschnittliche	Frühjahr		—11	— 3	— 14	— 20	0	— 7	— 12	+ 3
Eintrittszeit der	Sommer		—10	— 18	— 36	0	0	— 17	+ 11	— 6
Phänomene für	Herbst		—	— 4	— 12	+ 2	+ 12	— 2	+ 21	0

Pflanzen.

Der Pflanzen			Eintritt der Entwickl.-Phasen im Jahre 1890 an den Stationen:							
mittl. Eintritt der Entwickl.-Phasen für Giessen.	N a m e n.	A r t der Entwickl.-Phase.	Kenzingen B.	Kirchberg P.	Klein-Briesen P.	Königsbronn W.	Königsthal (Blie-dungen II) P.	Kottwitz P.	Krückelbach H.	Kühndorf P.
11. 2	Coryl. avell.	e. B.	18. 1	—	10. 2	27. 3	26. 1	4. 2	20. 1	17. 3
15. 3	Alnus glut.	e. B.	26. 1	—	24. 2	—	25. 3	17. 3	20. 1	—
6. 4	Larix europ.	e. B.	1. 4	—	3. 4	20. 4	14. 4	—	1. 4	15. 4
10. 4	Aesculus hipp.	B. O. s.	5. 4	22. 4	20. 4	6. 5	18. 4	1. 4	—	28. 4
12. 4	Ribes gross.	e. B.	10. 4	24. 4	15. 4	20. 4	16. 4	3. 4	—	29. 4
13. 4	Acer plat.	e. B.	13. 4	15. 4	16. 4	1. 5	16. 4	12. 4	—	—
14. 4	Ribes rub.	e. B.	21. 4	26. 4	17. 4	1. 5	19. 4	16. 4	—	24. 4
14. 4	Tilia grand.	B. O. s.	19. 4	6. 5	1. 5	6. 5	—	—	20. 4	—
17. 4	Larix europ.	B. O. s.	18. 4	21. 4	8. 4	24. 4	18. 4	2. 4	6. 4	15. 4
17. 4	Betula alba.	e. B.	18. 4	24. 4	17. 4	30. 4	30. 4	11. 4	20. 4	—
18. 4	Prunus avium.	e. B.	22. 4	29. 4	—	1. 5	28. 4	16. 4	20. 4	22. 4
18. 4	Betula alba.	B. O. s.	21. 4	25. 4	19. 4	28. 4	27. 4	14. 4	23. 4	18. 4
19. 4	Prunus spin.	e. B.	10. 4	29. 4	19. 4	4. 5	27. 4	13. 4	3. 5	24. 4
19-21.4	Carpinus bet.	B. O. s-e. B.	17. 4	28. 4	17. 4	8. 5	18.-26. 4	2. 4	20. 4	25. 4
20. 4	Aesculus hipp.	a. Bel.	20. 4	30. 4	20. 4	12. 5	28. 4	12. 4	—	5. 5
—	Betula pub.	B. O. s.	—	—	—	—	—	11. 4	—	—
—	Betula pub.	e. B.	—	—	—	—	—	11. 4	—	—
21. 4	Fraxinus exc.	e. B.	14. 4	3. 5	29. 4	—	2. 5	16. 4	10. 5	—
23. 4	Prunus pad.	e. B.	22. 4	7. 5	23. 4	—	4. 5	19. 4	—	30. 4
23. 4	Pyrus comm.	e. B.	19. 4	6. 5	23. 4	8. 5	—	22. 4	5. 4	6. 5
24. 4	Fagus sylv.	B. O. s.	20. 4	30. 4	—	2. 5	29. 4	—	10. 4	22. 4
28. 4	Pyrus mal.	e. B.	25. 4	8. 5	5. 5	11. 5	—	26. 4	20. 4	‘‘8. 5
1. 5	Vitis vinif.	B. O. s.	30. 4	—	7. 5	—	5. 5	6. 5	—	—
1. 5	Quercus ped.	B. O. s.	3. 5	6. 5	3. 5	12. 5	7. 5	15. 4	1. 4	—
—	Quercus sess.	B. O. s.	3. 5	6. 5	8. 5	—	8. 5	16. 4	2. 4	4. 5
2. 5	Acer pseud.	e. B.	3. 5	9. 5	8. 5	12. 5	—	26. 4	—	—
3. 5	Fagus sylv.	Bu. gr.	1. 5	7. 5	—	11. 5	3. 5	—	30. 4	7. 5
3. 5	Abies pect.	B. O. s.	9. 5	17. 5	—	20. 5	15. 5	—	5. 5	12. 5
4. 5	Syringa vulg.	e. B.	4. 5	12. 5	10. 5	19. 5	14. 5	29. 4	—	—
5. 5	Abies exc.	B. O. s.	6. 5	14. 5	11. 5	20. 5	11. 5	17. 4	1. 5	10. 5
—	Quercus ped.	Beg. d. Sch.	29. 4	13. 5	20. 4	12. 5	—	1. 5	6. 5	—
—	Quercus sess.	Beg. d. Sch.	29. 4	13. 5	24. 4	—	—	1. 5	6. 5	—
6. 5	Aesculus hipp.	e. B.	7. 5	13. 5	7. 5	17. 5	10. 5	2. 5	—	20. 5
9. 5	Crataegus ox.	e. B.	7. 5	16. 5	9. 5	22. 5	15. 5	4. 5	5 5	12. 5
12. 5	Quercus ped.	e. B.	10. 5	—	10. 5	20. 5	18 5	4. 5	5. 5	—
—	Quercus sess.	e. B.	10. 5	—	14. 5	—	18. 5	6. 5	6. 5	15. 5
12. 5	Spartium scop.	e. B.	10. 5	19. 5	—	—	—	—	10. 5	—
14. 5	Quercus ped.	Ei. gr.	17. 5	18. 5	7. 5	29. 5	18. 5	10. 5	10. 5	16. 5

Pflanzen.

mittl. Eintritt der Entwickl.-Phasen für Giessen.	Namen.	Art der Entwickl.-Phase.	Kenzingen B.	Kirchberg P.	Klein-Briesen P.	Königsbronn W.	Königsthal (Bliedungen II) P.	Kottwitz P.	Kröckelbach H.	Kühndorf P.
—	Quercus sess.	Ei. gr.	17. 5	18. 5	9. 5	—	18. 5	16. 5	10. 5	16. 5
15. 5	Cytisus lab.	e. B.	13. 5	19. 5	—	26. 5	21. 5	9. 5	—	—
16. 5	Sorbus aucup.	e. B.	17. 5	18. 5	10. 5	24. 5	18. 5	3. 5	10. 5	—
17. 5	Pinus sylv.	e. B.	18. 5	22. 5	—	10. 6	23. 5	16. 5	10. 5	20. 5
28. 5	Sambucus nig.	e. B.	27. 5	13. 6	28. 5	15. 6	2. 6	29. 5	10. 5	—
28. 5	Secale cer. hib.	e. B.	27. 5	27. 5	20. 5	31. 5	20. 5	19. 5	5. 6	26. 5
31. 5	Pinus sylv.	B. O. s.	10. 5	20. 5	—	30. 5	23. 5	9. 5	5. 5	15. 5
31. 5	Rubus id.	e. B.	4. 6	22. 5	25. 5	10. 6	26. 5	29. 5	10. 6	10. 6
2. 6	Robinia pseud.	e. B.	2. 6	—	1. 6	10. 6	10. 6	30. 5	—	—
14. 6	Vitis vinif.	e. B.	17. 6	—	14. 6	—	—	12. 6	12. 6	—
14. 6	Tritic. vulg. hib.	e. B.	16. 6	—	9. 6	—	18. 6	10. 6	—	29. 6
19. 6	Ligustrum vulg.	e. B.	20. 6	—	—	—	—	13. 6	—	—
20. 6	Ribes rub.	e. F.	20. 6	1. 7	20. 6	2. 7	28. 6	13. 6	—	12. 7
22. 6	Tilia grand.	e. B.	21. 6	14. 7	22. 6	26. 6	—	—	14. 6	—
28. 6	Tilia parv.	e. B.	25. 6	18. 7	26. 6	30. 6	—	1. 7	—	—
29. 6	Avena sat.	e. B.	27. 6	22. 7	29. 6	16. 7	13. 7	22. 6	25. 6	—
3. 7	Rubus id.	e. F.	6. 7	12. 7	4. 7	18. 7	14. 7	6. 7	10. 7	30. 7
6. 7	Prunus pad.	e. F.	6. 7	—	—	—	14. 7	8. 7	1. 7	20. 7
19. 7	Secale cer. hib.	Anf. d. E.	21. 7	10. 8	9. 7	21. 7	25. 7	13. 7	10. 8	1. 8
31. 7	Sorbus aucup.	e. F.	2. 8	—	30. 7	18. 8	10. 8	26. 7	4. 7	25. 8
2. 8	Sambucus nig.	e. F.	10. 8	15. 9	25. 8	6. 9	—	8. 8	10. 8	—
4. 8	Tritic. vulg. hib.	Anf. d. E.	26. 7	—	28. 7	—	15. 8	30. 7	10. 8	10. 8
9. 8	Avena sat.	Anf. d. E.	16. 8	27. 8	1. 8	23. 8	12. 8	4. 8	10. 8	1. 9
10. 9	Ligustrum vulg.	e. F.	7. 9	—	—	—	—	1. 9	—	1. 9
17. 9	Aesculus hipp.	e. F.	16. 9	2. 10	20. 9	1. 10	1. 10	18. 9	—	—
20. 9	Quercus ped.	e. F.	18. 9	—	23. 9	10. 10	18. 10	—	—	—
—	Quercus sess.	e. F.	22. 9	—	25. 9	—	18. 10	—	—	—
28. 9	Sorbus aucup.	a. L. V.	14. 9	26. 9	22. 9	10. 10	—	30. 9	4. 9	4. 10
10. 10	Aesculus hipp.	a. L. V.	9. 10	11. 10	2. 10	1. 10	21. 10	14. 10	—	8. 10
13. 10	Betula alba	a. L. V.	11. 10	12. 10	13. 10	15. 10	24. 10	17. 10	4. 10	10. 10
—	Betula pub.	a. L. V.	—	—	—	—	—	17. 10	—	—
14. 10	Fagus sylv.	a. L. V.	18. 10	8. 10	—	15. 10	10. 10	—	4. 10	1. 10
19. 10	Quercus ped.	a. L. V.	20. 10	15. 10	20. 10	20. 10	25. 10	1. 11	5. 10	18. 10
—	Quercus sess.	a. L. V.	20. 10	15. 10	23. 10	—	25. 10	1. 11	5. 10	18. 10
21. 10	Larix europ.	a. L. V.	8. 10	12. 10	24. 10	10. 10	2. 11	16. 10	5. 10	15. 10
	Durchschnittliche	Frühjahr	— 1	— 13	— 2	— 17	— 12	+ 1	0	— 10
	Eintrittszeit der	Sommer	— 6	— 26	+ 6	— 6	— 10	+ 2	— 26	— 17
	Phänomene für	Herbst	+ 3	+ 4	— 2	+ 2	— 7	0	+ 11	+ 6

Pflanzen.

mittl. Eintritt der Entwickl.-Phasen für Giessen.	Der Pflanzen Namen.	Art der Entwickl.-Phase.	Kurwien P.	Kyllburg P.	Lahnhof P.	Lahr B.	Landeck P.	Langenau W.	Langenbrand W.	Lehmannsbrück Th.
11. 2	Coryl. avell.	e. B.	20. 1	16. 3	20. 3	1. 2	16. 3	15. 3	15. 2	12. 2
15. 3	Alnus glut.	e. B.	25. 3	27. 3	29. 3	9. 3	19. 3	—	—	25. 3
6. 4	Larix europ.	e. B.	—	13. 4	—	5. 4	3. 4	10. 4	30. 3	12. 4
10. 4	Aesculus hipp.	B. O. s.	—	12. 4	—	1. 4	—	18. 4	10. 4	18. 4
12. 4	Ribes gross.	e. B.	—	15. 4	3. 5	8. 4	—	19. 4	13. 4	18. 4
13. 4	Acer plat.	e. B.	—	18. 4	—	15. 4	—	—	—	20. 4
14. 4	Ribes rub.	e. B.	—	20. 4	3. 5	15. 4	—	23. 4	21. 4	20. 4
14. 4	Tilia grand.	B. O. s.	—	—	—	15. 4	—	3. 5	—	25. 4
17. 4	Larix europ.	B. O. s.	—	13. 4	—	5. 4	16. 4	15. 4	24. 3	15. 4
17. 4	Betula alba.	e. B.	18. 4	—	6. 5	10. 4	17. 4	16. 4	14. 4	28. 4
18. 4	Prunus avium.	e. B.	—	19. 4	9. 5	10. 4	21 .4	23. 4	—	28. 4
18. 4	Betula alba.	B. O. s.	—	—	8. 5	15. 4	19. 4	21. 4	20. 4	30. 4
19. 4	Prunus spin.	e. B.	—	20. 4	—	15. 4	—	25. 4	25. 4	30. 4
19-21.4	Carpinus bet.	B.O. s-e.B.	3. 5	20. 4	9. 5	5. 4	18. 4	29. 4	26. 4	25. 4
20. 4	Aesculus hipp.	a. Bel.	—	20. 4	—	10. 4	—	—	24. 4	25. 4
—	Betula pub.	B. O. s.	—	—	—	10. 4	—	—	—	28. 4
—	Betula pub.	e. B.	—	—	—	10. 4	—	—	—	28. 4
21. 4	Fraxinus exc.	e. B.	—	26. 4	8. 5	15. 4	—	3. 5	—	30. 4
23. 4	Prunus pad.	e. B.	—	—	—	20. 4	—	5. 5	—	30. 4
23. 4	Pyrus comm.	e. B.	—	26. 4	—	20. 4	—	4. 5	2. 5	30. 4
24. 4	Fagus sylv.	B. O. s.	—	27. 4	6. 5	20. 4	—	25. 4	3. 5	6. 5
28. 4	Pyrus mal.	e. B.	—	6. 5	18. 5	28. 4	—	7. 5	5. 5	6. 5
1. 5	Vitis vinif.	B. O. s.	—	—	—	20. 4	—	10. 5	—	10. 5
1. 5	Quercus ped.	B. O. s.	13. 5	6. 5	15. 5	18. 4	—	5. 5	—	12. 5
—	Quercus sess.	B. O. s.	13. 5	6. 5	—	21. 4	—	—	6. 5	12 . 5
2. 5	Acer pseud.	e. B.	—	—	11. 5	5. 5	—	3 5	—	10. 5
3. 5	Fagus sylv.	Bu. gr.	—	6. 5	9. 5	10. 5	1. 5	12. 5	6. 5	14. 5
3. 5	Abies pect.	B. O. s.	—	—	—	10. 5	2. 5	17. 5	16. 5	16. 5
4. 5	Syringa vulg.	e. B.	—	11. 5	—	10. 5	—	6. 5	—	12. 5
5. 5	Abies exc.	B. O. s.	3. 5	—	20. 5	10. 5	—	14. 5	10. 5	12. 5
—	Quercus ped.	Beg.d.Sch.	—	9. 5	16. 5	10. 5	—	6. 5	—	—
—	Quercus sess.	Beg.d.Sch.	—	9. 5	—	10. 5	—	—	—	—
6. 5	Aesculus hipp.	e. B.	—	10. 5	—	6. 5	—	10. 5	14. 5	20. 5
9. 5	Crataegus ox.	e. B.	—	17. 5	25. 5	9. 5	—	13. 5	16. 5	21. 5
12. 5	Quercus ped.	e. B.	—	12. 5	—	4. 4	—	—	—	19. 5
—	Quercus sess.	e. B.	—	—	—	23. 4	—	—	15. 5	20. 5
12. 5	Spartium scop.	e. B.	—	11. 5	23. 5	10. 5	—	—	—	20. 5
14. 5	Quercus ped.	Ei. gr.	23. 5	17. 5	—	22. 5	6. 5	15. 5	—	24. 5

Pflanzen.

mittl. Eintritt der Entwickl.-Phasen für Giessen.	Namen.	Art der Entwickl.-Phase.	Kurwien P.	Kyllburg P.	Lahnhof P.	Lahr B.	Landeck P.	Langenau W.	Langenbrand W.	Lehmannsbrück Th.
—	Quercus sess.	Ei. gr.	23. 5	15. 5	—	22. 5	—	—	21. 5	24. 5
15. 5	Cytisus lab.	e. B.	—	20. 5	—	10. 5	—	—	—	21. 5
16. 5	Sorbus aucup.	e. B.	—	20. 5	24. 5	18. 5	—	18. 5	23. 5	20. 5
17. 5	Pinus sylv.	e. B.	20. 5	19. 5	—	18. 5	16. 5	—	20. 5	22. 5
28. 5	Sambucus nig.	e. B.	—	21. 5	1. 7	25. 5	—	31. 5	27. 5	1. 6
28. 5	Secale cer. hib.	e. B.	—	26. 5	6. 7	18. 5	22. 5	30. 5	—	1. 6
31. 5	Pinus sylv.	B. O. s.	8. 5	—	—	10. 5	18. 5	15. 5	10. 5	22. 5
31. 5	Rubus id.	e. B.	—	15. 9	12. 6	22. 5	—	19 6.	6. 6	4. 6
2. 6	Robinia pseud.	e. B.	—	2. 6	—	26. 5	—	—	4. 6	1. 6
14. 6	Vitis vinif.	e. B.	—	—	—	15. 6	—	28. 6	—	15. 6
14. 6	Tritic. vulg. hib.	e. B.	—	—	—	5. 6	—	19. 6	—	21. 6
19. 6	Ligustrum vulg.	e. B.	—	—	—	10. 6	—	2. 7	—	25. 6
20. 6	Ribes rub.	e. F.	—	6. 7	—	10. 6	—	24. 6	14. 7	25. 6
22. 6	Tilia grand.	e. B.	—	10. 7	--	10. 6	—	18. 7	—	25. 6
28. 6	Tilia parv.	e. B.	23. 6	10. 7	—	15. 6	—	20. 7	—	28. 6
29. 6	Avena sat.	e. B.	—	—	1. 8	26. 6	23. 6	16. 7	—	2. 7
3. 7	Rubus id.	e. F.	—	—	28. 7	23. 6	—	14. 7	20. 7	12. 7
6. 7	Prunus pad.	e. F.	—	—	—	8. 7	—	8. 7	—	10. 7
19. 7	Secale cer. hib.	Anf. d. E.	13. 7	—	29. 8	14. 7	10. 7	25. 7	15. 8	20. 7
31. 7	Sorbus aucup.	e. F.	25. 7	—	30. 8	30. 7	—	8. 8	20. 8	15. 8
2. 8	Sambucus nig.	e. F.	20. 7	—	18. 9	15. 8	—	20. 8	25. 8	20. 8
4. 8	Tritic. vulg. hib.	Anf. d. E.	—	—	—	22. 7	—	17. 8	—	—
9. 8	Avena sat.	Anf. d. E.	—	—	15. 9	4. 8	5. 8	18. 8	—	28. 8
10. 9	Ligustrum vulg.	e. F.	—	—	—	5. 9	—	7. 9	—	—
17. 9	Aesculus hipp.	e. F.	—	—	—	16. 9	—	20. 9	—	30. 9
20. 9	Quercus ped.	e. F.	1. 10	—	—	30. 9	—	10. 10	—	—
—	Quercus sess.	e. F.	1. 10	—	—	30. 9	—	10. 10	15. 9	—
28. 9	Sorbus aucup.	a. L. V.	—	—	17. 9	15. 9	—	20. 9	—	26. 9
10. 10	Aesculus hipp.	a. L. V.	—	—	—	28. 9	—	—	1. 10	12. 10
13. 10	Betula alba.	a. L. V.	25. 9	—	1. 10	8. 10	—	18. 10	12. 10	30. 9
—	Betula pub.	a. L. V.	—	—	—	8. 10	—	18. 10	—	29. 9
14. 10	Fagus sylv.	a. L. V.	—	—	2. 10	10. 10	—	21. 10	14. 10	30. 9
19. 10	Quercus ped.	a. L. V.	9. 10	—	—	23. 10	—	23. 10	—	10. 10
—	Quercus sess.	a. L. V.	9. 10	—	—	23. 10	—	23. 10	20. 10	10. 10
21. 10	Larix europ.	a. L. V.	—	—	—	8. 10	—	21. 10	10. 10	12. 10
Durchschnittliche Eintrittszeit der Phänomene für	Frühjahr	— 3	— 6	—22	— 1	— 4	— 9	— 8	— 11
	Sommer	+ 2	—	—45	+ 1	+ 5	— 10	— 31	— 5
	Herbst	+20	—	+12	+ 6	—	— 5	+ 3	+ 11

Pflanzen.

mittl. Eintritt der Entwickl.-Phasen für Giessen.	Der Pflanzen Namen.	Art der Entwickl.-Phase.	Eintritt der Entwickl.-Phasen im Jahre 1890 an den Stationen:							
			St. Leon B.	Leszno b. Schönsee P.	Lichtenberg Br.	Lichtenstern W.	Lintzel P.	Linz P.	Lissberg H.	Lörrach B.
11. 2	Coryl. avell.	e. B.	—	15. 3	20. 1	26. 2	—	15. 1	20. 2	—
15. 3	Alnus glut.	e. B.	—	20. 3	—	31. 3	—	17. 3	20. 3	—
6. 4	Larix europ.	e. B.	—	12. 4	2. 4	—	1. 4	31. 3	—	—
10. 4	Aesculus hipp.	B. O. s.	29. 3	17. 4	4. 4	14. 4	20. 4	1. 4	12. 4	—
12. 4	Ribes gross.	e. B.	—	27. 4	9. 4	17. 4	15. 4	4. 4	15. 4	—
13. 4	Acer plat.	e. B.	—	19. 4	12. 4	—	—	6. 4	15. 4	—
14. 4	Ribes rub.	e. B.	—	27. 4	14. 4	18. 4	1. 5	3. 4	15. 4	—
14. 4	Tilia grand.	B. O. s.	—	—	—	—	—	16. 4	18. 4	—
17. 4	Larix europ.	B. O. s.	30. 3	12. 4	1. 4	8. 4	20. 4	1. 4	12. 4	14. 4
17. 4	Betula alba.	e. B.	—	19. 4	—	—	—	9. 4	18. 4	—
18. 4	Prunus avium.	e. B.	4. 4	—	25. 4	17. 4	—	10. 4	15. 4	10. 4
18. 4	Betula alba.	B. O. s.	1. 4	19. 4	24. 4	20. 4	5. 5	12. 4	15. 4	16. 4
19. 4	Prunus spin.	e. B.	8. 4	24. 4	22. 4	21. 4	—	8. 4	15. 4	15. 4
19-21.4	Carpinus bet.	B.O. s-e. B.	15. 4	24. 4	21. 4	—	—	12. 4	18. 4	—
20. 4	Aesculus hipp.	a. Bel.	16. 4	24. 4	—	18. 4	5. 5	10. 4	20. 4	—
—	Betula pub.	B. O. s.	—	—	—	—	—	—	—	—
—	Betula pub.	e. B.	—	—	—	—	4. 5	—	—	—
21. 4	Fraxinus exc.	e. B.	—	—	3. 5	20. 8	—	18. 4	18. 4	19. 4
23. 4	Prunus pad.	e. B.	—	27. 4	—	—	—	14. 4	18. 4	30. 4
23. 4	Pyrus comm.	e. B.	15. 4	—	1. 5	19. 4	9. 5	15. 4	16. 4	—
24. 4	Fagus sylv.	B. O. s.	12. 4	29. 4	23. 4	19. 4	1. 5	15. 4	15. 4	—
28. 4	Pyrus mal.	e. B.	20. 4	4. 5	6. 5	8. 5	12. 5	1. 5	23. 4	26. 4
1. 5	Vitis vinif.	B. O. s.	—	—	14. 5	—	15. 5	3. 5	23. 4	7. 5
1. 5	Quercus ped.	B. O. s.	25. 4	6. 5	6. 5	27. 4	9. 5	1. 5	25. 4	—
—	Quercus sess.	B. O. s.	25. 4	2. 5	—	—	9. 5	6. 5	25. 4	22. 4
2. 5	Acer pseud.	e. B.	—	—	—	—	—	6. 5	—	—
3. 5	Fagus sylv.	Bu. gr.	23. 4	—	1. 5	30. 4	9. 5	26. 4	22. 4	2. 5
3. 5	Abies pect.	B. O. s.	—	—	—	—	25. 5	5. 5	5. 5	—
4. 5	Syringa vulg.	e. B.	—	4. 5	12. 5	6. 5	17. 5	6. 5	—	—
5. 5	Abies exc.	B. O. s.	—	6. 5	—	—	21. 5	10. 5	28. 4	—
—	Quercus ped.	Beg. d.Sch.	—	—	—	3. 5	—	26. 4	10. 5	—
—	Quercus sess.	Beg. d.Sch.	—	—	—	—	—	26. 4	10. 5	—
6. 5	Aesculus hipp.	e. B.	6. 5	—	10. 5	10. 5	15. 5	3. 5	5. 5	—
9. 5	Crataegus ox.	e. B.	12. 5	12. 5	12. 5	10. 5	20. 5	15. 5	7. 5	11. 5
12. 5	Quercus ped.	e. B.	—	9. 5	—	—	—	6. 5	—	—
—	Quercus sess.	e. B.	—	6. 5	—	—	—	10. 5	—	—
12. 5	Spartium scop.	e. B.	24. 4	—	—	—	—	10. 5	—	—
14. 5	Quercus ped.	Ei. gr.	8. 5	13. 5	—	—	20. 5	10. 5	8. 5	—

Pflanzen.

| mittl. Eintritt der Entwickl.-Phasen für Giessen. | Der Pflanzen | | Eintritt der Entwickl.-Phasen im Jahre 1890 an den Stationen: | | | | | | | |
	Namen.	Art der Entwickl.-Phase.	St. Leon B.	Leszno b. Schönsee P.	Lichtenberg Br.	Lichtenstern W.	Lintzel P.	Linz P.	Lissberg H.	Lörrach B.
—	Quercus sess.	Ei. gr.	8. 5	10. 5	—	—	—	14. 5	8. 5	6. 5
15. 5	Cytisus lab.	e. B.	—	—	16. 5	15. 5	—	14. 5	—	13. 5
16. 5	Sorbus aucup.	e. B.	7. 5	10. 5	12. 5	18. 5	20. 5	15. 5	14. 5	—
17. 5	Pinus sylv.	e. B.	10. 5	10. 5	—	21. 5	—	12. 5	—	—
28. 5	Sambucus nig.	e. B.	25. 5	20. 5	4. 6	—	10. 6	25. 5	20. 5	28. 5
28. 5	Secale cer. hib.	e. B.	18. 5	20. 5	26. 5	—	5. 6	26. 5	20. 5	—
31. 5	Pinus sylv.	B. O. s.	—	10. 5	—	12. 5	1. 5	10. 5	10. 5	—
31. 5	Rubus id.	e. B.	20. 5	23. 5	23. 5	—	5. 6	28. 5	25. 5	—
2. 6	Robinia pseud.	e. B.	27. 5	23. 5	—	—	10. 6	26. 5	28. 5	27. 5
14. 6	Vitis vinif.	e. B.	6. 6	—	—	—	—	12. 6	15. 6	28. 6
14. 6	Tritic. vulg. hib.	e. B.	6. 6	12. 6	21. 6	—	—	18. 6	15. 6	12. 6
19. 6	Ligustrum vulg.	e. B.	—	—	—	—	—	15. 6	—	—
20. 6	Ribes rub.	e. F.	16. 6	—	5. 7	—	15. 7	22. 6	1. 7	18. 6
22. 6	Tilia grand.	e. B.	20. 6	—	—	—	—	15. 5	25. 6	20. 6
28. 6	Tilia parv.	e. B.	—	26. 6	19. 7	—	—	25. 5	25. 6	—
29. 6	Avena sat.	e. B.	—	8. 7	7. 7	—	5. 7	10. 6	1. 7	—
3. 7	Rubus id.	e. F.	1. 7	4. 7	5. 7	—	5. 8	15. 7	8. 7	5. 7
6. 7	Prunus pad.	e. F.	—	—	—	—	—	15. 7	1. 7	—
19. 7	Secale cer. hib.	Anf. d. E.	8. 7	4. 7	28. 7	—	28. 7	20. 7	22. 7	16. 7
31. 7	Sorbus aucup.	e. F.	—	14. 8	—	—	12. 8	30. 7	5. 8	—
2. 8	Sambucus nig.	e. F.	—	—	—	—	1. 9	20. 8	18. 8	9. 8
4. 8	Tritic. vulg. hib.	Anf. d. E.	26. 7	28. 7	8. 8	—	—	28. 8	7. 8	4. 8
9. 8	Avena sat.	Anf. d. E.	6. 8	15. 8	14. 8	—	1. 8	10. 9	18. 8	16. 8
10. 9	Ligustrum vulg.	e. F.	—	—	—	—	—	15. 9	—	—
17. 9	Aesculus hipp.	e. F.	—	—	—	—	29. 9	25. 9	18. 9	—
20. 9	Quercus ped.	e. F.	—	—	—	—	—	—	—	16. 10
—	Quercus sess.	e. F.	—	—	—	—	—	—	—	—
28. 9	Sorbus aucup.	a. L. V.	—	—	—	—	25. 9	20. 9	15. 9	—
10. 10	Aesculus hipp.	a. L. V.	—	6. 10	—	—	25. 9	6. 10	20. 10	—
13. 10	Betula alba.	a. L. V.	—	8. 10	—	—	20. 9	15. 10	20. 10	—
—	Betula pub.	a. L. V.	—	—	—	—	—	—	—	—
14. 10	Fagus sylv.	a. L. V.	15. 9	—	9. 10	—	12. 10	1. 10	20. 10	13. 10
19. 10	Quercus ped.	a. L. V.	—	8. 10	—	—	20. 10	15. 10	25. 10	—
—	Quercus sess.	a. L. V.	—	8. 10	—	—	—	15. 10	25. 10	17. 10
21. 10	Larix europ.	a. L. V.	—	6. 10	31. 10	—	25. 9	20. 10	20. 10	—
Durchschnittliche	Frühjahr		+ 8	— 8	— 8	— 5	— 18	+ 5	+ 1	+ 1
Eintrittszeit der	Sommer		+ 7	+ 11	— 13	—	— 13	— 5	— 7	— 1
Phänomene für	Herbst		+ 28	+ 9	— 5	—	+ 16	+ 3	— 5	0

Pflanzen.

mittl. Eintritt der Entwickl.-Phasen für Giessen.	Der Pflanzen Namen.	Art der Entwickl.-Phase.	Eintritt der Entwickl.-Phasen im Jahre 1890 an den Stationen:							
			Lohhecken P.	Lutterbach E.	Lützelbach E.	Magdeburg P.	Marienthal Br.	Meierei E.	Melkerei E.	Messkirch B.
11. 2	Coryl. avell.	e. B.	12. 3	14. 3	3. 2	26. 1	—	27. 2	2. 4	10. 3
15. 3	Alnus glut.	e. B.	15. 3	15. 3	18. 3	10. 3	31. 3	20. 3	—	16. 3
6. 4	Larix europ.	e. B.	20. 3	26. 3	—	15. 3	—	—	8. 4	30. 4
10. 4	Aesculus hipp.	B. O. s.	31. 3	6. 4	21. 4	8. 4	28. 4	—	—	2. 5
12. 4	Ribes gross.	e. B.	1. 4	11. 4	19. 4	8. 4	12. 4	6. 5	10. 5	26. 4
13. 4	Acer plat.	e. B.	2. 4	—	19. 4	10. 4	—	—	—	—
14. 4	Ribes rub.	e. B.	30. 3	12. 4	14. 4	10. 4	—	3. 5	—	28. 4
14. 4	Tilia grand.	B. O. s.	—	12. 4	—	13. 4	5. 5	—	—	4. 5
17. 4	Larix europ.	B. O. s.	28. 3	30. 3	—	4. 4	28. 4	—	6. 4	30. 4
17. 4	Betula alba.	e. B.	6. 4	—	—	17. 4	26. 4	2. 5	—	2. 5
18. 4	Prunus avium.	e. B.	—	9. 4	15. 4	18. 4	3. 5	22. 4	18. 5	5. 5
18. 4	Betula alba.	B. O. s.	10. 4	—	—	18. 4	29. 4	24. 4	—	5. 5
19. 4	Prunus spin.	e. B.	5. 4	10. 4	25. 4	18. 4	2. 5	—	—	6. 5
19-21.4	Carpinus bet.	B.O.s-e. B.	—	10. 4	—	13. 4	25. 4	—	—	1. 5
20. 4	Aescul. hipp.	a. Bel.	—	14. 4	2. 5	17. 4	1. 5	—	—	1. 5
—	Betula pub.	B. O. s.	5. 4	—	—	17. 4	24. 4	—	—	—
—	Betula pub.	e. B.	6. 4	—	—	17. 4	26. 4	—	—	—
21. 4	Fraxinus exc.	e. B.	—	—	2. 5	20. 4	—	—	—	8. 5
23. 4	Prunus pad.	e. B.	—	—	—	20. 4	3. 5	—	—	8. 5
23. 4	Pyrus comm.	e. B.	—	18. 4	—	23. 4	3. 5	—	—	10. 5
24. 4	Fagus sylv.	B. O. s.	—	9. 4	1. 5	25. 4	27. 4	25. 4	4. 5	10. 5
28. 4	Pyrus mal.	e. B.	—	29. 4	30. 4	26. 4	11. 5	13. 5	—	15. 5
1. 5	Vitis vinif.	B. O. s.	—	28. 4	2. 5	26. 4	8. 5	—	—	—
1. 5	Quercus ped.	B. O. s.	26. 4	28. 4	1. 5	27. 4	10. 5	4. 5	—	15. 5
—	Quercus sess.	B. O. s.	26. 4	30, 4	1. 5	27. 4	8. 5	4. 5	—	—
2. 5	Acer pseud.	e. B.	15. 4	—	7. 5	27. 4	—	—	22. 5	—
3. 5	Fagus sylv.	Bu. gr.	—	1. 5	6. 5	1. 5	4. 5	3. 5	14. 5	16. 5
3. 5	Abies pect.	B. O. s.	—	—	12. 5	5. 5	13. 5	8. 5	16. 5	18. 5
4. 5	Syringa vulg.	e. B.	29. 4	—	4. 5	1. 5	—	—	—	—
5. 5	Abies exc.	B. O. s.	—	3. 5	3. 5	1. 5	5. 5	20 5	26. 5	16. 5
—	Quercus ped.	Beg.d Sch.	23. 4	—	21. 4	25. 4	—	—	—	16. 5
—	Quercus sess.	Beg.d.Sch.	23. 4	—	21. 4	25. 4	—	—	—	—
6. 5	Aesculus hipp.	e. B.	28. 4	8. 5	7. 5	4. 5	12. 5	—	—	18. 5
9. 5	Crataegus ox.	e. B.	28. 4	8. 5	8. 5	5. 5	—	—	—	18. 5
12. 5	Quercus ped.	e. B.	31. 4	4. 5	5. 5	6. 5	—	—	—	18. 5
—	Quercus sess.	e. B.	31. 4	5. 5	5. 5	6. 5	—	—	—	—
12. 5	Spartium scop.	e. B.	—	—	9. 5	6. 5	—	—	—	—
14. 5	Quercus ped.	Ei. gr.	6. 5	6. 5	5. 5	6. 5	15. 5	14. 5	—	18. 5

Pflanzen.

mittl. Eintritt der Entwickl.-Phasen für Giessen.	Namen.	Art der Entwickl.-Phase.	Lohhecken P.	Lutterbach E.	Lützelbach E.	Magdeburg P.	Marienthal Br.	Meierei E.	Melkerei E.	Messkirch B.
—	Quercus sess.	Ei. gr.	6. 5	8. 5	5. 5	6. 5	15. 5	14. 5	—	—
15. 5	Cytisus lab.	e. B.	—	—	20. 5	6. 5	18. 5	—	—	—
16. 5	Sorbus aucup.	e. B.	12. 5	13. 5	6. 5	8. 5	—	—	8. 6	17. 5
17. 5	Pinus sylv.	e. B.	15. 5	12. 5	20. 5	—	—	17. 5	—	—
28. 5	Sambucus nig.	e. B.	19. 5	3. 6	24. 5	20. 5	10. 6	9. 6	—	16. 6
28. 5	Secale cer. hib.	e. B.	6. 5	20. 5	—	22. 5	24. 5	—	—	4. 6
31. 5	Pinus sylv.	B. O. s.	2. 5	8. 5	16. 5	6 5	28. 5	20. 5	—	—
31. 5	Rubus id.	e. B.	—	26. 5	30. 5	21. 5	25. 5	10. 6	27. 6	2. 6
2. 6	Robinia pseud.	e. B.	24. 5	3. 6	24. 5	2. 6	18. 6	—	—	—
14. 6	Vitis vinif.	e. B.	—	—	15. 5	11. 6	8. 6	—	—	—
14. 6	Tritic. vulg. hib.	e. B.	6. 6	16. 6	—	11. 6	—	—	—	24. 6
19. 6	Ligustrum vulg.	e. B.	—	—	12. 6	21. 6	—	—	—	—
20. 6	Ribes rub.	e. F.	—	18. 6	28. 6	21. 6	14. 7	10. 7	—	10. 7
22. 6	Tilia grand.	e. B.	—	19. 6	—	21. 6	—	—	—	10. 7
28. 6	Tilia parv.	e. B.	—	23. 6	—	25. 6	—	—	—	—
29. 6	Avena sat.	e. B.	19. 6	26. 6	—	25. 6	—	—	25. 7	16. 7
3. 7	Rubus id.	e. F.	—	28. 6	10. 7	2. 7	8. 7	12. 7	16. 8	16. 7
6. 7	Prunus pad.	e. F.	—	—	—	6. 7	—	—	—	10. 7
19. 7	Secale cer. hib.	Anf. d. E.	5. 7	15. 7	—	15. 7	28. 7	—	—	26. 7
31. 7	Sorbus aucup.	e. F.	—	—	10. 8	28. 7	—	—	10. 9	24. 8
2. 8	Sambucus nig.	e. F.	29. 7	10. 8	20. 8	6. 8	12. 9	25. 8	—	—
4. 8	Tritic. vulg. hib.	Anf. d. E.	20. 7	2. 8	—	2. 8	—	—	—	25. 8
9. 8	Avena sat.	Anf. d. E.	2. 8	8. 8	—	4. 8	22. 8	—	17. 9	20. 8
10. 9	Ligustrum vulg.	e. F.	—	—	20. 9	12. 9	—	—	—	—
17. 9	Aesculus hipp.	e. F.	5. 9	10. 9	28. 9	15. 9	9. 9	—	—	1. 10
20. 9	Quercus ped.	e. F.	—	1. 10	—	22. 9	—	—	—	1. 10
—	Quercus sess.	e. F.	—	1. 10	—	22. 9	—	—	—	—
28. 9	Sorbus aucup.	a. L. V.	—	—	30. 9	14. 9	—	22. 9	24. 10	20. 9
10. 10	Aesculus hipp.	a. L. V.	15. 10	15. 10	28. 10	9. 10	3. 10	—	—	10. 10
13. 10	Betula alba.	a. L. V.	23. 10	—	—	14. 10	8. 10	2. 10	—	4. 10
—	Betula pub.	a. L. V.	23. 10	—	—	—	8. 10	—	—	—
14. 10	Fagus sylv.	a. L. V.	—	22. 10	25. 10	—	24. 10	8. 10	30. 10	—
19. 10	Quercus ped.	a. L. V.	30. 10	25. 10	30. 10	25. 10	26. 10	10. 10	—	10. 10
—	Quercus sess.	a. L. V.	30. 10	25. 10	3Q. 10	25. 10	26. 10	10. 10	—	—
21. 10	Larix europ.	a. L. V.	25. 10	18. 10	—	—	16. 10	—	12. 11	—
Durchschnittliche	Frühjahr		+ 9	+ 2	— 4	— 1	— 13	— 15	— 33	— 18
Eintrittszeit der	Sommer		+ 10	0	—	0	— 13	—	—	— 11
Phänomene für	Herbst		— 8	— 5	— 12	+ 1	— 1	+ 9	— 21	+ 11

Pflanzen.

mittl. Eintritt der Entwickl.-Phasen für Giessen.	Der Pflanzen		Eintritt der Entwickl.-Phasen im Jahre 1890 an den Stationen:							
	Namen.	Art der Entwickl.-Phase.	Metzeral E.	Minden i. W. P.	Mirau P.	Mirchau P.	Mitteldick H.	Mönchhof H.	Mombronn E.	Mürschnitz Th.
11. 2	Coryl. avell.	e. B.	4. 2	4. 3	12. 3	3. 3	—	10. 3	15. 3	22. 3
15. 3	Alnus glut.	e. B.	16. 3	21. 3	14. 3	22. 3	—	—	—	4. 4
6. 4	Larix europ.	e. B.	—	20. 4	5. 4	10. 4	20. 4	28. 3	—	10. 5
10. 4	Aesculus hipp.	B. O. s.	—	2. 5	19. 4	18. 4	24. 4	6. 4	—	16. 4
12. 4	Ribes gross.	e. B.	27. 4	16. 4	16. 4	14. 4	3. 4	2. 4	—	1. 5
13. 4	Acer plat.	e. B.	27. 4	20. 4	14. 4	20. 4	—	—	—	1. 5
14. 4	Ribes rub.	e. B.	27. 4	16. 4	17. 4	23. 4	26. 4	20. 4	—	1. 5
14. 4	Tilia grand.	B. O. s.	4. 5	10. 5	22. 4	—	1. 5	4. 4	—	7. 5
17. 4	Larix europ.	B. O. s.	26. 4	22. 4	5. 4	10. 4	24. 4	26. 3	14. 4	4. 5
17. 4	Betula alba.	e. B.	—	28. 4	16. 4	18. 4	5. 5	22. 4	—	11. 4
18. 4	Prunus avium.	e. B.	27. 4	30. 4	17. 4	1. 5	6. 5	13. 4	15. 4	28. 4
18. 4	Betula alba.	B. O. S.	3. 5	6. 5	18 4	21. 4	10. 5	12. 4	15. 4	30. 4
19. 4	Prunus spin.	e. B.	27. 4	6. 5	21. 4	—	4. 5	12. 4	15. 4	13 5
19-21.4	Carpinus bet.	B.O. s-e. B.	4. 5	26. 4	—	20. 4	10. 5	6. 4	29. 4	5. 5
20. 4	Aescul. hipp.	a. Bel.	—	10. 5	21. 4	30. 4	5. 5	15. 4	—	6. 5
—	Betula pub.	B. O. s.	—	—	21. 4	—	5. 5	—	—	—
—	Betula pub.	e. B.	—	—	—	—	5. 5	—	—	—
21. 4	Fraxinus exc.	e. B.	29. 4	26. 4	—	29. 4	15. 5	20. 4	—	—
23. 4	Prunus pad.	e. B.	5. 5	2. 5	—	3. 5	—	19. 4	—	—
23. 4	Pyrus comm.	e. B.	—	4. 5	20. 4	4. 5	10. 5	19. 4	—	16. 5
24. 4	Fagus sylv.	B. O. s.	27. 4	16. 4	—	20. 4	8. 5	12. 4	30. 4	29. 4
28. 4	Pyrus mal.	e. B.	12. 5	11. 5	27. 4	7. 5	15. 5	2. 5	—	16. 5
1. 5	Vitis vinif.	B. O. s.	—	10. 5	1· 5	—	10. 5	20. 4	—	—
1. 5	Quercus ped.	B. O. s.	8. 5	4. 5	25. 4	2. 5	4. 5	25. 4	6. 5	—
—	Quercus sess.	B. O. s.	8. 5	3. 5	—	2. 5	4. 5	22. 4	—	—
2. 5	Acer pseud.	e. B.	12. 5	10. 5	—	—	—	—	—	13. 5
3. 5	Fagus sylv.	Bu. gr.	18. 5	30. 4	—	1. 5	3. 5	20. 4	4. 5	18. 5
3. 5	Abies pect.	B. O. s.	21. 5	12. 5	2. 5	—	12. 5	1. 5	—	13. 5
4. 5	Syringa vulg.	e. B.	—	15. 5	3. 5	10. 5	—	4. 5	6. 5	6. 5
5. 5	Abies exc.	B. O. s.	—	2. 5	30. 4	9. 5	2. 5	26. 4	—	9. 5
—	Quercus ped.	Beg.d.Sch.	—	25. 4	—	5. 5	26. 5	—	—	---
—	Quercus sess.	Beg.d.Sch.	—	20. 4	—	5. 5	26. 5	—	—	—
6. 5	Aesculus hipp.	e. B.	—	18. 5	5. 5	4. 5	10. 5	10. 5	—	19. 5
9. 5	Crataegus ox.	e. B.	21. 5	18. 5	10. 5	13. 5	18. 5	4. 5	15. 5	26. 5
12. 5	Quercus ped.	e. B.	21. 5	19. 5	4. 5	9. 5	20. 5	—	—	—
—	Quercus sess.	e. B.	21. 5	11. 5	—	9. 5	16. 5	—	—	—
12. 5	Spartium scop.	e. B.	—	20. 5	—	—	15. 5	12. 5	15. 5	13. 5
14. 5	Quercus ped.	Ei. gr.	—	4. 5	4. 5	11. 5	11. 5	15. 5	14. 5	—

Pflanzen.

	Der Pflanzen		Eintritt der Entwickl.-Phasen im Jahre 1890 an den Stationen:							
mittl. Eintritt der Entwickl.-Phasen für Giessen.	Namen.	Art der Entwickl.-Phase.	Metzeral E.	Minden i. W. P.	Mirau P.	Mirchau P.	Mitteldick H.	Mönchhof H.	Mombronn E.	Mürschnitz Th.
—	Quercus sess.	Ei. gr.	—	5. 5	—	11. 5	11. 5	15. 5	—	—
15. 5	Cytisus lab.	e. B.	—	18. 5	—	—	—	—	—	
16. 5	Sorbus aucup.	e. B.	29. 5	22. 5	17. 5	28. 5	—	—	—	13. 5
17. 5	Pinus sylv.	e. B.	—	21. 5	15. 5	28. 5	18. 5	16. 5	25. 5	20. 5
28. 5	Sambucus nig.	e. B.	5. 6	2. 6	17. 5	—	—	25. 5	20. 6	24. 5
28. 5	Secale cer. hib.	e. B.	—	4. 6	19. 5	1. 6	26. 5	20. 5	25. 6	5. 6
31. 5	Pinus sylv.	B. O. s.	—	18. 5	2. 5	14. 5	15. 5	1. 5	—	10. 5
31. 5	Rubus id.	e. B.	—	15. 6	23. 5	26. 5	10. 6	12. 5	—	12. 6
2. 6	Robinia pseud.	e. B.	—	15. 6	23. 5	—	27. 5	1. 6	—	2. 6
14. 6	Vitis vinif.	e. B.	—	25. 6	18. 6	—	22. 6	15. 6	—	—
14. 6	Tritic. vulg. hib.	e. B.	—	17. 6	18. 6	—	—	16. 6	20. 6	—
19. 6	Ligustrum vulg.	e. B.	—	4. 7	—	—	—	31. 5	—	—
20. 6	Ribes rub.	e. F.	—	2. 7	19. 6	1. 7	1. 7	22. 6	—	30. 6
22. 6	Tilia grand.	e. B.	9. 7	30. 6	25. 6	15. 7	10. 7	8. 6	—	21. 6
28. 6	Tilia parv.	e. B.	—	4. 7	—	15. 7	10. 7	20. 6	—	1. 7
29. 6	Avena sat.	e. B.	—	6. 7	30. 6	15. 7	5. 7	30. 6	—	1. 7
3. 7	Rubus id.	e. F.	—	12. 7	—	20. 7	1. 7	—	12. 7	15. 7
6. 7	Prunus pad.	e. F.	—	11. 7	—	—	2. 7	2. 7	—	—
19. 7	Secale cer. hib.	Anf. d. E.	—	29. 7	1. 7	28. 7	8. 7	12. 7	19. 7	10. 8
31. 7	Sorbus aucup.	e. F.	4. 9	6. 8	—	15. 8	—	—	—	17. 8
2. 8	Sambucus nig.	e. F.	—	20 8	—	15. 8	—	30. 8	—	28. 8
4. 8	Tritic. vulg. hib.	Anf. d. E.	—	30. 7	—	10. 8	—	—	10. 8	—
9. 8	Avena sat.	Anf. d. E.	—	30. 8	—	20. 8	15. 8	10. 8	25. 8	1. 9
10. 9	Ligustrum vulg.	e. F.	—	15. 9	—	—	—	—	—	—
17. 9	Aesculus hipp.	e. F.	—	30. 9	—	21. 9	—	—	—	15. 10
20. 9	Quercus ped.	e. F.	—	15. 10	—	21. 9	—	—	—	—
—	Quercus sess.	e. F.	—	15. 10	—	1. 10	—	—	—	—
28. 9	Sorbus aucup.	a. L. V.	15. 10	15. 9	—	1. 9	—	—	—	15. 10
10. 10	Aesculus hipp.	a. L. V.	—	12. 10	—	1. 10	20. 10	—	—	15. 10
13. 10	Betula alba.	a. L. V.	15. 10	21. 10	—	20. 9	19. 10	15. 9	29. 10	12. 10
—	Betula pub.	a. L. V.	—	—	—	—	19. 10	—	—	—
14. 10	Fagus sylv.	a. L. V.	20. 10	20. 10	—	22. 9	21. 10	—	26. 10	12. 10
19. 10	Quercus ped.	a. L. V.	24. 10	26. 10	—	15. 10	19. 10	20. 9	29. 10	—
—	Quercus sess.	a. L. V.	—	26. 10	—	15. 10	19. 10	20. 9	—	—
21. 10	Larix europ.	a. L. V.	15. 10	14. 10	—	1. 10	20. 10	29. 9	29. 10	20. 10
	Durchschnittliche	Frühjahr	— 13	— 13	— 2	— 10	— 19	— 1	0	— 17
	Eintrittszeit der	Sommer	—	— 14	+ 14	— 13	+ 7	+ 3	— 4	— 26
	Phänomene für	Herbst	— 2	— 3	—	+ 21	— 5	+ 24	— 13	0

Pflanzen.

mittl. Eintritt der Entwickl.-Phasen für Giessen.	Der Pflanzen		Eintritt der Entwickl.-Phasen im Jahre 1890 an den Stationen:							
	Namen.	Art der Entwickl.-Phase.	Niederstetten W.	Oberems P.	Ober-Klingen H.	Obernkirchen P.	Ober-Rosbach H.	Oberspier Th.	Ochsenhausen W.	Oehringen W.
11. 2	Coryl. avell.	e. B.	19. 3	12. 3	1. 3	28. 1	1. 2	16. 3	30. 3	18. 2
15. 3	Alnus glut.	e. B.	19. 3	—	21. 3	20. 3	—	18. 3	10. 4	15. 3
6. 4	Larix europ.	e. B.	12. 4	—	8. 4	2. 4	9. 4	—	15. 4	3. 4
10. 4	Aesculus hipp.	B. O. s.	11. 4	—	13. 4	7. 4	12. 4	16. 4	18. 4	6. 4
12. 4	Ribes gross.	e. B.	11. 4	19. 4	14. 4	14. 4	6. 4	20. 4	18. 4	10. 4
13. 4	Acer plat.	e. B.	20. 4	—	—	15. 4	—	24. 4	23. 4	—
14. 4	Ribes rub.	e. B.	17. 4	26. 4	14. 4	10. 4	16. 4	26. 4	30. 4	14. 4
14. 4	Tilia grand.	B. O. s.	22. 4	—	17. 4	25. 4	—	22. 4	—	20. 4
17. 4	Larix europ.	B. O. s.	16. 4	15. 4	11. 4	7. 4	14. 4	9. 4	17. 4	7. 4
17. 4	Betula alba.	e. B.	16. 4	20. 4	16. 4	25. 4	10. 4	26. 4	23. 4	15. 4
18. 4	Prunus avium.	e. B.	17. 4	20. 4	18. 4	21. 4	10. 4	27. 4	30. 4	8. 4
18. 4	Betula alba.	B. O. s.	18. 4	22. 4	18. 4	27. 4	12. 4	16. 4	25. 4	16. 4
19. 4	Prunus spin.	e. B.	17. 4	29. 4	18. 4	22. 4	18. 4	26. 4	29. 4	8. 4
19-21.4	Carpinus bet.	B.O.s-e.B.	17. 4	4. 5	18. 4	25. 4	—	24. 4	—	20. 4
20. 4	Aesculus hipp.	a. Bel.	25. 4	—	18. 4	2. 5	20. 4	4. 5	30. 4	20. 4
—	Betula pub.	B. O. s.	—	—	16. 4	25. 4	—	—	—	—
—	Betula pub.	e. B.	—	—	16. 4	25. 4	—	—	—	—
21. 4	Fraxinus exc.	e. B.	19. 4	—	24. 4	26. 4	—	28. 4	30. 4	—
23. 4	Prunus pad.	e. B.	—	—	24. 4	16. 5	—	3. 5	4. 5	24. 4
23. 4	Pyrus comm.	e. B.	19. 4	2. 5	22. 4	27. 4	18. 4	4. 5	—	17. 4
24. 4	Fagus sylv.	B. O. s.	24. 4	17. 4	21. 4	24. 4	16. 4	19. 4	4. 5	10. 4
28. 4	Pyrus mal.	e. B.	2. 5	9. 5	3. 5	3. 5	29. 4	6. 5	—	27. 4
1. 5	Vitis vinif.	B. O. s.	8. 5	—	3. 5	—	30. 4	5. 5	—	3. 5
1. 5	Quercus ped.	B. O. s.	3. 5	—	29. 4	3. 5	—	5. 5	10. 5	28. 4
—	Quercus sess.	B. O. s.	5. 5	8. 5	29. 4	3. 5	—	5. 5	—	28. 4
2. 5	Acer pseud.	e. B.	11. 5	8. 5	—	3. 5	—	—	11. 5	—
3. 5	Fagus sylv.	Bu. gr.	4. 5	30. 4	30. 4	30. 4	30. 4	6. 5	12. 5	27. 4
3. 5	Abies pect.	B. O. s.	10. 5	12. 5	10. 5	11. 5	—	8. 5	—	6. 5
4. 5	Syringa vulg.	e. B.	8. 5	12. 5	1. 5	9. 5	5. 5	9. 5	19. 5	6. 5
5. 5	Abies exc.	B. O. s.	11. 5	13. 5	30. 4	10. 5	5. 5	3. 5	14. 5	4. 5
—	Quercus ped.	Beg.d.Sch.	6. 5	—	9. 5	6. 5	30. 4	—	—	28. 4
—	Quercus sess.	Beg.d.Sch.	6. 5	8. 5	9. 5	6. 5	30. 4	—	—	28. 4
6. 5	Aesculus hipp.	e. B.	10. 5	—	10. 5	11. 5	1. 5	10. 5	20. 5	8. 5
9. 5	Crataegus ox.	e. B.	12. 5	11. 5	11. 5	12. 5	—	14. 5	—	9. 5
12. 5	Quercus ped.	e. B.	12. 5	—	10. 5	11. 5	—	—	—	10. 5
—	Quercus sess.	e. B.	12. 5	14. 5	10. 5	11. 5	—	—	—	—
12. 5	Spartium scop.	e. B.	—	18. 5	—	13. 5	6. 5	—	21. 5	8. 5
14. 5	Quercus ped.	Ei. gr.	13. 5	—	10. 5	13. 5	4. 5	21. 5	23. 5	7. 5

Pflanzen.

mittl. Eintritt der Entwickl.-Phasen für Giessen.	Namen.	Art der Entwickl.-Phase.	Niederstetten W.	Oberems P.	Ober-Klingen H.	Obernkirchen P.	Ober-Rosbach H.	Oberspier Th.	Ochsenhausen W.	Oehringen W.
—	Quercus sess.	Ei. gr.	13. 5	16. 5	10. 5	13. 5	4. 5	21. 5	—	7. 5
15. 5	Cytisus lab.	e. B.	13. 5	14. 5	—	15. 5	—	18. 5	—	8. 5
16. 5	Sorbus aucup.	e. B.	15. 5	—	12. 5	15. 5	—	15. 5	23. 5	13. 5
17. 5	Pinus sylv.	e. B.	—	—	12. 5	18. 5	10. 5	—	—	12. 5
28. 5	Sambucus nig.	e. B.	4. 6	14. 6	22. 5	25. 5	—	8. 6	7. 6	27. 5
28. 5	Secale cer. hib.	e. B.	25. 5	2. 6	21. 5	25. 5	22. 5	26. 5	7. 6	25. 5
31. 5	Pinus sylv.	B. O. s.	—	—	12. 5	13. 5	—	8. 5	31. 5	8. 5
31. 5	Rubus id.	e. B.	28. 5	1. 6	29. 5	3. 6	—	28. 5	16. 6	30. 5
2. 6	Robinia pseud.	e. B.	28. 5	—	27. 5	30. 5	25. 5	25. 5	—	20. 5
14. 6	Vitis vinif.	e. B.	25. 6	—	10. 6	—	18. 6	—	—	15. 6
14. 6	Tritic. vulg. hib.	e. B.	16. 6	—	13. 6	20. 6	20. 6	17. 6	—	15. 6
19. 6	Ligustrum vulg.	e. B.	23. 6	—	19. 6	30. 6	—	—	2. 7	19. 6
20. 6	Ribes rub.	e. F.	26. 6	26. 6	21. 6	30. 6	18. 6	—	6. 7	20. 6
22. 6	Tilia grand.	e. B.	—	—	23. 6	30. 6	—	5. 7	—	—
28. 6	Tilia parv.	e. B.	22. 6	—	25. 6	10. 7	—	—	8. 7	6. 6
29. 6	Avena sat.	e. B.	8. 7	5. 7	27. 6	15. 7	—	2. 7	10. 7	25. 6
3. 7	Rubus id.	e. F.	10. 7	9. 7	6. 7	10. 7	—	10. 7	18. 7	27. 6
6. 7	Prunus pad.	e. F.	—	—	29. 6	—	—	13. 7	18. 7	1. 7
19. 7	Secale cer. hib.	Anf. d. E.	28. 7	25. 7	21. 7	26. 7	16. 7	25. 7	25. 7	12. 7
31. 7	Sorbus aucup.	e. F.	27. 7	3. 8	30. 7	1. 8	—	18. 7	10. 8	—
2. 8	Sambucus nig.	e. F.	30. 8	—	14. 8	17. 8	—	26. 8	—	18. 8
4. 8	Tritic. vulg. hib.	Anf. d. E.	10. 8	—	6. 8	8. 8	26. 7	16. 8	—	1. 8
9. 8	Avena sat.	Anf. d. E.	20. 8	20. 8	13. 8	17. 8	11. 8	20. 8	30. 8	16. 8
10. 9	Ligustrum vulg.	e. F.	12. 9	—	14. 9	—	—	—	23. 9	10. 9
17. 9	Aesculus hipp.	e. F.	14. 9	26. 9	17. 9	20. 9	—	21. 9	—	—
20. 9	Quercus ped.	e. F.	12. 10	—	16. 9	—	—	—	—	20. 9
—	Quercus sess.	e. F.	12. 10	—	16. 9	—	—	—	—	20. 9
28. 9	Sorbus aucup.	a. L. V.	12. 10	—	16. 9	18. 9	—	14. 9	12. 9	10. 9
10. 10	Aesculus hipp.	a. L. V.	6. 10	—	7. 10	15. 10	—	2. 10	14. 10	20. 10
13. 10	Betula alba	a. L. V.	22. 10	7. 10	10. 10	15. 10	10. 10	—	10. 10	20. 10
—	Betula pub.	a. L. V.	—	—	10. 10	15. 10	—	13. 10	—	20. 10
14. 10	Fagus sylv.	a. L. V.	22. 10	13. 10	10. 10	20. 10	15. 10	18. 10	12. 10	14. 10
19. 10	Quercus ped.	a. L. V.	1. 10	—	17. 10	20. 10	17. 10	—	18. 10	20. 10
—	Quercus sess.	a. L. V.	1. 10	20. 10	17. 10	20. 10	17. 10	24. 10	—	20. 10
21. 10	Larix europ.	a. L. V.	25. 10	9. 10	9. 10	15. 10	—	—	14. 10	22. 10
Durchschnittliche Eintrittszeit der Phänomene für		Frühjahr	— 2	— 10	— 2	— 8	0	— 11	— 14	+ 1
		Sommer	— 13	— 10	— 6	— 11	— 1	— 10	— 10	+ 3
		Herbst	— 8	+ 5	+ 5	— 2	+ 1	— 5	+ 3	— 4

Pflanzen.

mittl. Eintritt der Entwickl.-Phasen für Giessen.	Namen.	Art der Entwickl.-Phase.	Eintritt der Entwickl.-Phasen im Jahre 1890 an den Stationen:							
			Nesselgrund P.	Neuenheerse P.	Neuenstadt W.	Neuffen W.	Neuhaus P.	Neupfalz P.	Neu-Sternberg P.	Nidda H.
11. 2	Coryl. avell.	e. B.	16. 3	10. 3	10. 2	—	31. 1	10. 3	9. 3	7. 2
15. 3	Alnus glut.	e. B.	21. 3	20. 3	12. 3	19. 3	17. 3	18 3	16. 3	—
6. 4	Larix europ.	e. B.	6. 4	15. 4	22. 3	—	25. 3	—	—	—
10. 4	Aesculus hipp.	B. O. s.	5. 4	30. 4	8. 4	—	15. 4	—	22. 4	6. 4
12. 4	Ribes gross.	e. B.	6. 4	19. 4	6. 4	16. 4	10. 4	17. 4	20. 4	—
13. 4	Acer plat.	e. B.	—	30. 4	10. 4	—	20. 4	—	18. 4	5. 4
14. 4	Ribes rub.	e. B.	18. 4	30. 4	6. 4	1. 5	16. 4	24. 4	18. 4	—
14. 4	Tilia grand.	B. O. s.	24. 4	5. 5	10. 4	15. 4	20. 4	1. 5	—	—
17. 4	Larix europ.	B. O. s.	6. 4	20. 4	1. 4	—	7. 4	—	—	27. 3
17. 4	Betula alba.	e. B.	—	30. 4	14. 4	—	24. 4	18. 4	24. 4	—
18. 4	Prunus avium.	e. B.	27. 4	28. 4	11. 4	15. 4	25. 4	18. 4	26. 4	10. 4
18. 4	Betula alba.	B. O. s.	—	5. 5	16. 4	—	24. 4	18. 4	26. 4	—
19. 4	Prunus spin.	e. B.	29. 4	3. 5	7. 4	14. 4	24. 4	27. 4	—	10. 4
19-21.4	Carpinus bet.	B.O.s-e.B.	—	29. 4	13. 4	16. 4	17. 4	3. 5	22. 4	11. 4
20. 4	Aesculus hipp.	a. Bel.	18. 4	5. 5	15. 4	—	22. 4	—	26. 4	16. 4
—	Betula pub.	B. O. s.	15. 4	—	12. 4	—	24. 4	—	24. 4	—
—	Betula pub.	e. B.	15. 4	—	12. 4	—	—	—	—	—
21. 4	Fraxinus exc.	e. B.	—	10. 5	19. 4	18. 4	29. 4	29. 4	30. 4	—
23. 4	Prunus pad.	e. B.	—	6. 5	21. 4	—	—	—	1. 5	—
23. 4	Pyrus comm.	e. B.	7. 5	5. 5	24. 4	21. 4	26. 4	1. 5	2. 5	20. 4
24. 4	Fagus sylv.	B. O. s.	2. 5	5. 5	20. 4	20. 4	25. 4	18. 4	—	12. 4
28. 4	Pyrus mal.	e. B.	11. 5	10. 5	24. 4	24. 4	4. 5	10. 5	10. 5	1. 5
1. 5	Vitis vinif.	B. O. s.	18. 4	15. 5	24. 4	25. 4	1. 5	—	—	—
1. 5	Quercus ped.	B. O. s.	24. 4	7. 5	1. 5	—	28. 4	8. 5	8. 5	23. 5
—	Quercus sess.	B. O. s.	—	10. 5	1. 5	8. 5	28. 4	8. 5	—	—
2. 5	Acer pseud.	e. B.	7. 5	10. 5	3. 5	28. 4	—	—	—	—
3. 5	Fagus sylv.	Bu. gr.	—	10. 5	26. 4	2. 5	1. 5	1. 5	—	28. 4
3. 5	Abies pect.	B. O. s.	10. 5	18. 5	14. 5	—	8. 5	10. 5	10. 5	—
4. 5	Syringa vulg.	e. B.	9. 5	15. 5	30. 4	—	9. 5	10. 5	10. 5	—
5. 5	Abies exc.	B. O. s.	10. 5	16. 5	3. 5	1. 5	7. 5	12. 5	10. 5	—
—	Quercus ped.	Beg.d.Sch.	—	—	30. 4	—	—	6. 5	—	16. 5
—	Quercus sess.	Beg.d.Sch.	—	—	30. 4	—	—	6. 5	—	—
6. 5	Aesculus hipp.	e. B.	8. 5	15. 5	1. 5	8. 5	10. 5	—	10. 5	9. 5
9. 5	Crataegus ox.	e. B.	12. 5	14. 5	6. 5	10. 5	11. 5	9. 5	—	10. 5
12. 5	Quercus ped.	e. B.	26. 4	15. 5	10. 5	—	7. 5	12. 5	15. 5	—
—	Quercus sess.	e. B.	—	20. 5	10. 5	—	7. 5	12. 5	—	—
12. 5	Spartium scop.	e. B.	—	—	7. 5	14. 5	10. 5	16. 5	—	—
14. 5	Quercus ped.	Ei. gr.	—	20. 5	10. 5	—	11. 5	14. 5	18. 5	11. 5

Pflanzen.

| mittl. Eintritt der Entwickl.-Phasen für Giessen. | Der Pflanzen | | Eintritt der Entwickl.-Phasen im Jahre 1890 an den Stationen: | | | | | | | |
	Namen.	Art der Entwickl.-Phase.	Nesselgrund P.	Neuenheerse P.	Neuenstadt W.	Neuffen W.	Neuhaus P.	Neupfalz P.	Neu-Sternberg P.	Nidda H.
—	Quercus sess.	Ei. gr.	—	25. 5	10. 5	—	14. 5	14. 5	—	—
15. 5	Cytisus lab.	e. B.	20. 5	29. 4	14 5	—	18. 5	—	—	—
16. 5	Sorbus aucup.	e. B.	11. 5	10. 5	14. 5	13. 5	12. 5	18. 5	14. 5	—
17. 5	Pinus sylv.	e. B.	21. 5	25. 5	18. 5	—	14. 5	—	—	16. 5
28. 5	Sambucus nig.	e. B.	20. 5	1. 6	22. 5	29. 5	26. 5	14. 6	—	20. 5
28. 5	Secale cer. hib.	e. B.	2. 6	5. 6	20. 5	2. 6	24. 5	1. 6	4. 6	23. 5
31. 5	Pinus sylv.	B. O. s.	19. 5	15. 5	12. 5	—	15. 5	—	—	12. 5
31. 5	Rubus id.	e. B.	4. 6	10. 6	10. 6	26. 5	25. 5	3. 6	4. 6	—
2. 6	Robinia pseud.	e. B.	—	10. 6	1. 6	29. 5	26. 5	6. 6	4. 6	—
14. 6	Vitis vinif.	e. B.	20. 6	20. 6	16. 6	21. 5	21. 6	—	—	—
14. 6	Tritic. vulg. hib.	e. B.	—	21. 6	10. 6	—	15. 6	—	14. 6	10. 6
19. 6	Ligustrum vulg.	e. B.	20. 6	—	22. 6	30. 6	—	—	—	—
20. 6	Ribes rub.	e. F.	1. 7	24. 6	16. 6	—	3. 7	28. 6	10. 7	18. 6
22. 6	Tilia grand.	e. B.	8. 7	29. 6	22 6	18. 6	20. 6	28. 6	—	—
28. 6	Tilia parv.	e. B.	—	3. 7	26. 6	23. 6	20. 6	—	10. 7	—
29. 6	Avena sat.	e. B.	10. 7	8. 7	26. 6	—	26. 7	8. 7	12. 7	4. 7
3. 7	Rubus id.	e. F.	15. 7	10. 7	6. 7	8. 7	12. 7	11. 7	10. 7	30. 6
6. 7	Prunus pad.	e. F.	20. 7	11. 7	5. 7	—	—	—	10. 7	—
19. 7	Secale cer. hib.	Anf. d. E.	5. 8	10. 8	17. 7	—	16. 7	1. 8	14. 7	14. 7
31. 7	Sorbus aucup.	e. F.	4. 8	15. 8	30. 7	—	2. 8	2. 8	—	—
2. 8	Sambucus nig.	e. F.	15. 8	15. 8	11. 8	3. 9	22. 8	8. 8	—	6. 8
4. 8	Tritic. vulg. hib.	Anf. d. E.	—	20. 8	10. 8	22. 8	4. 8	—	4. 8	29. 8
9. 8	Avena sat.	Anf. d. E.	18. 8	10. 9	11. 8	24. 9	18. 8	22. 8	4. 8	—
10. 9	Ligustrum vulg.	e. F.	—	—	10. 8	—	—	—	—	—
17. 9	Aesculus hipp.	e. F.	—	1. 10	14. 9	—	20. 9	—	—	6. 9
20. 9	Quercus ped.	e. F.	—	10. 10	12. 9	—	22. 9	—	—	—
—	Quercus sess.	e. F.	—	15. 10	12. 9	3. 10	22. 9	—	—	—
28. 9	Sorbus aucup.	a. L. V.	—	20. 9	12. 9	—	20. 8	24. 9	—	—
10. 10	Aesculus hipp.	a. L. V.	—	15. 10	1. 10	—	11. 10	27. 9	—	—
13. 10	Betula alba.	a. L. V.	—	20. 10	1. 10	—	12. 10	5. 10	—	—
—	Betula pub.	a. L. V.	—	—	1. 10	—	12. 10	—	—	—
14. 10	Fagus sylv.	a. L. V.	—	15. 10	1. 10	—	14. 10	9. 10	—	13. 10
19. 10	Quercus ped.	a. L. V.	—	22. 10	15. 10	—	25. 10	18. 10	—	15. 10
—	Quercus sess.	a. L. V.	—	22. 10	15. 10	—	25. 10	18. 10	—	—
21. 10	Larix europ.	a. L. V.	—	20. 10	30. 9	—	21. 10	7. 10	—	—
Durchschnittliche	Frühjahr		— 13	— 15	+ 3	— 3	— 7	— 9	— 10	+ 2
Eintrittszeit der	Sommer		— 21	— 26	— 2	—	— 1	— 17	+ 1	+ 1
Phänomene für	Herbst		—	— 3	+ 14	—	— 1	+ 8	—	0

Pflanzen.

Eintritt der Entwickl.-Phasen im Jahre 1890 an den Stationen:

mittl. Eintritt der Entwickl.-Phasen für Giessen.	Der Pflanzen — Namen.	Art der Entwickl.-Phase.	Oliva P.	Paruschowitz P.	St. Peter E.	Pfeil P.	Pflanzgarten P.	Pöllwitz Th.	Porcelette E.	Proskau P.
11. 2	Coryl. avell.	e. B.	19. 3	15. 3	20. 3	7. 4	1. 2	3. 4	16. 2	15. 3
15. 3	Alnus glut.	e. B.	19. 3	19. 3	26. 3	2. 4	14. 3	15. 4	12. 3	19. 3
6. 4	Larix europ.	e. B.	6. 4	29. 3	14. 4	25. 4	16. 4	2. 5	—	28. 3
10. 4	Aesculus hipp.	B. O. s.	14. 4	1. 4	22. 4	4. 5	19. 4	5. 5	17. 4	7. 4
12. 4	Ribes gross.	e. B.	16. 4	11. 4	14. 4	5. 5	16. 4	4. 5	16. 4	4. 4
13. 4	Acer plat.	e. B.	16. 4	6. 4	19. 4	4. 5	21. 4	8. 5	—	—
14. 4	Ribes rub.	e. B.	18. 4	14. 4	25. 4	4. 5	25. 4	12. 5	17. 4	8 4
14. 4	Tilia grand.	B. O. s.	26. 4	21. 4	25. 4	2. 5	26. 4	10. 5	—	12. 4
17. 4	Larix europ.	B. O. s.	8. 4	31. 3	17. 4	25. 4	20. 4	5. 5	—	3. 4
17. 4	Betula alba.	e. B.	21. 4	16. 4	25. 4	26. 4	20. 4	12. 5	23. 4	14. 4
18. 4	Prunus avium.	e. B.	25. 4	17. 4	24. 4	4. 5	19. 4	12. 5	19. 4	—
18. 4	Betula alba.	B. O. s.	21. 4	14. 4	29. 4	26. 4	21. 4	15. 5	18. 4	14. 4
19. 4	Prunus spin.	e. B.	25. 4	18. 4	26. 4	—	30. 4	15. 5	16. 4	15. 4
19-21.4	Carpinus bet.	B.O.s-e.B.	15. 4 - 18. 4	8. 4 - 14. 4	21. 4 - 28. 4	25. 4	22. 4	10. 5	17. 4	12. 4
20. 4	Aesculus hipp.	a. Bel.	20. 4	16. 4	3. 5	12. 5	29. 4	10. 5	20. 4	14. 4
—	Betula pub.	B. O. s.	21. 4	—	—	28. 4	24. 4	10. 5	19. 4	14. 4
—	Betula pub.	e. B.	24. 4	—	—	30. 4	20. 4	13. 5	23. 4	14. 4
21. 4	Fraxinus exc.	e. B.	27. 4	20. 4	29. 4	3. 5	22. 4	18. 5	—	17. 4
23. 4	Prunus pad.	e. B.	26. 4	17. 4	29. 4	6. 5	24 4	—	19. 4	—
23. 4	Pyrus comm.	e. B.	25. 4	17. 4	8. 5	8. 5	26. 4	15. 5	19. 4	18. 4
24. 4	Fagus sylv.	B. O. s.	19. 4	10. 4	1. 5	5. 5	23. 4	10. 5	24. 4	—
28. 4	Pyrus mal.	e. B.	30. 4	25. 4	12. 5	7. 5	30. 4	10. 5	24. 4	23. 4
1. 5	Vitis vinif.	B. O. s.	2. 5	24. 4	—	20. 5	30. 4	—	—	28. 4
1. 5	Quercus ped.	B. O. s.	25. 4	19. 4	12. 5	7. 5	4. 5	10. 5	30. 4	27. 4
—	Quercus sess.	B. O. s.	26. 4	19. 4	12. 5	9. 5	5. 5	10. 5	30. 4	27. 4
2. 5	Acer pseud.	e. B.	25. 4	25. 4	12. 5	7. 5	5. 5	10. 5	28. 4	25. 4
3. 5	Fagus sylv.	Bu. gr.	1. 5	27. 4	6. 5	—	6. 5	18. 5	1. 5	—
3. 5	Abies pect.	B. O. s.	5. 5	5. 5	24. 5	23. 5	8. 5	20. 5	—	4. 5
4. 5	Syringa vulg.	e. B.	10. 5	29. 4	16. 5	—	7. 5	22. 5	1. 5	2. 5
5. 5	Abies exc.	B. O. s.	3. 5	3. 5	20. 5	7. 5	4. 5	10. 5	—	1. 5
—	Quercus ped.	Beg.d.Sch.	—	—	10. 5	—	—	—	—	—
—	Quercus sess.	Beg.d.Sch.	—	—	10. 5	—	—	—	—	—
6. 5	Aesculus hipp.	e. B.	6. 5	30. 4	20. 5	10. 5	6. 5	20. 5	1. 5	2. 5
9. 5	Crataegus ox.	e. B.	13. 5	11. 5	12. 5	—	9. 5	20. 5	3. 5	7. 5
12. 5	Quercus ped.	e. B.	8. 5	25. 4	14. 5	8. 5	12. 5	20. 5	5. 5	5. 5
—	Quercus sess.	e. B.	15. 5	25. 4	14. 5	8. 5	12. 5	20. 5	5. 5	5. 5
12. 5	Spartium scop.	e. B.	14. 5	3. 5	—	—	13. 5	5. 6	10. 5	—
14. 5	Quercus ped.	Ei. gr.	15. 5	1. 5	21. 5	19. 5	14. 5	2. 6	12. 5	10. 5

Pflanzen.

mittl. Eintritt der Entwickl.-Phasen für Giessen.	Der Pflanzen: Namen.	Art der Entwickl.-Phase.	Oliva P.	Paruschowitz P.	St. Peter E.	Pfeil P.	Pflanzgarten P.	Pöllwitz Th.	Porcelette E.	Proskau P.
—	Quercus sess.	Ei. gr.	18. 5	1. 5	21. 5	19. 5	16. 5	2. 6	12. 5	10. 5
15. 5	Cytisus lab.	e. B.	16. 5	3. 5	—	—	15. 5	4. 6	10. 5	—
16. 5	Sorbus aucup.	e. B.	17. 5	6. 5	25. 5	20. 5	16. 5	5. 6	15. 5	14. 5
17. 5	Pinus sylv.	e. B.	18. 5	14. 5	2. 6	30. 5	17. 5	3. 6	15. 5	12. 5
28. 5	Sambucus nig.	e. B.	6. 6	18. 5	12. 6	—	27. 5	10. 6	25. 5	—
28. 5	Secale cer. hib.	e. B.	22. 5	16. 5	7. 6	1. 6	22. 5	10. 6	27. 5	22. 5
31. 5	Pinus sylv.	B. O. s.	20. 5	12. 5	23. 5	26. 5	12. 5	12. 5	10. 5	7. 5
31. 5	Rubus id.	e. B.	1. 6	15. 5	5. 6	5. 6	3. 6	30. 5	31. 5	—
2. 6	Robinia pseud.	e. B.	1. 6	22. 5	20. 6	—	2. 6	—	27, 5	28. 5
14. 6	Vitis vinif.	e. B.	1. 7	16. 6	—	—	14. 6	—	—	10. 6
14. 6	Tritic. vulg. hib.	e. B.	5. 7	10. 6	4. 7	—	—	10. 7	6. 6	—
19. 6	Ligustrum vulg.	e. B.	2. 7	16. 6	—	—	18. 6	—	—	15. 6
20. 6	Ribes rub.	e. F.	15. 7	17. 6	7. 7	25. 6	19. 6	1. 7	14. 6	15. 6
22. 6	Tilia grand.	e. B.	3. 7	11. 6	10. 7	1. 7	18. 6	6. 7	—	18. 6
28. 6	Tilia parv.	e. B.	4. 7	1. 7	12. 7	1. 7	20. 6	10. 7	—	18. 6
29. 6	Avena sat.	e. B.	20. 7	30. 6	16. 7	—	27. 6	15. 7	28. 6	25. 6
3. 7	Rubus id.	e. F.	15. 7	26. 6	20. 7	12. 7	4. 7	3. 7	2. 7	—
6. 7	Prunus pad.	e. F.	20. 7	1. 7	16. 7	9. 7	3. 7	—	—	—
19. 7	Secale cer. hib.	Anf. d. E.	14. 7	14. 7	1. 8	25. 7	18. 7	30. 7	16. 7	12. 7
31. 7	Sorbus aucup.	e. F.	25. 7	22. 7	24. 8	15. 8	22. 7	28. 8	23. 7	5. 8
2. 8	Sambucus nig.	e. F.	12. 8	—	24. 8	—	10. 8	10. 9	2. 8	10. 8
4. 8	Tritic. vulg. hib.	Anf. d. E.	2. 8	28. 7	19. 8	—	1. 8	30. 8	30. 7	10. 8
9. 8	Avena sat.	Anf. d. E.	13. 8	28. 7	1. 9	24. 8	11. 8	30. 8	4. 8	12. 8
10. 9	Ligustrum vulg.	e. F.	—	7. 9	—	—	6. 9	—	—	5. 9
17. 9	Aesculus hipp.	e. F.	29. 9	12. 9	8. 10	—	12. 9	8. 10	18. 9	14. 9
20. 9	Quercus ped.	e. F.	20. 10	—	8. 10	26. 9	18. 9	12. 10	—	15. 9
—	Quercus sess.	e. F.	20. 10	—	8. 10	26. 9	18. 9	12. 10	25. 9	15. 9
28. 9	Sorbus aucup.	a. L. V.	20. 9	20. 9	7. 10	15. 9	13. 9	10. 10	7. 9	20. 9
10. 10	Aesculus hipp.	a. L. V.	15. 10	17. 10	10. 10	18. 10	15. 10	15 10	13. 10	10. 10
13. 10	Betula alba.	a. L. V.	20. 9	25. 10	20. 10	—	15. 10	30. 10	15. 10	15. 10
—	Betula pub.	a. L. V.	—	—	20. 10	—	15. 10	30. 10	—	—
14. 10	Fagus sylv.	a. L. V.	20. 9	27. 10	1. 10	—	17. 10	30. 10	15. 10	—
19. 10	Quercus ped.	a. L. V.	20. 9	28. 10	26. 10	—	19. 10	30. 10	22. 10	20. 10
—	Quercus sess.	a. L. V.	20. 9	28. 10	26. 10	—	24. 10	30. 10	22. 10	20. 10
21. 10	Larix europ.	a. L. V.	25. 9	1. 11	20. 10	—	15. 10	15. 10	—	15. 10
Durchschnittliche	Frühjahr		— 6	+ 1	— 12	— 15	— 7	— 25	— 1	+ 2
Eintrittszeit der	Sommer		+ 1	+ 1	— 17	— 10	— 3	— 15	— 1	+ 3
Phänomene für	Herbst		+ 23	— 13	+ 1	—	— 1	— 10	— 1	+ 1

Pflanzen.

| mittl. Eintritt der Entwickl.-Phasen für Giessen. | Der Pflanzen | | Eintritt der Entwickl.-Phasen im Jahre 1890 an den Stationen: | | | | | | | |
	Namen.	Art der Entwickl.-Phase.	Proskau (Pomol. Institut) P.	Rathsfeld Th.	Ratzeburg P.	Ravensberg P.	Reinfeld P.	Reutlingen W.	Richen H.	Riddaghausen Br.
11. 2	Coryl. avell.	e. B.	8. 3	10. 3	24. 3	12. 3	15. 2	3. 3	20. 2	11. 3
15. 3	Alnus glut.	e. B.	14. 3	20. 3	16. 3	14. 3	25. 2	25. 3	25. 3	29. 3
6. 4	Larix europ.	e. B.	16. 4	10. 4	—	3. 4	5. 4	4. 4	14. 4	30. 4
10. 4	Aesculus hipp.	B. O. s.	18. 4	12. 4	—	29. 3	22. 4	13. 4	14. 4	4. 5
12. 4	Ribes gross.	e. B.	14. 4	15. 4	19. 4	20. 4	9. 4	7. 4	11. 4	3. 5
13. 4	Acer plat.	e. B.	6. 4	18. 4	18. 4	14. 4	—	8. 4	23. 4	3. 5
14. 4	Ribes rub.	e. B.	15. 4	18. 4	16 4	22. 4	25. 4	14. 4	18. 4	4. 5
14. 4	Tilia grand.	B. O. s.	20. 4	20. 4	—	15. 4	—	18. 4	24. 4	6. 5
17. 4	Larix europ.	B. O. s.	—	15. 4	—	27. 3	24. 4	7. 4	15. 4	3. 5
17. 4	Betula alba.	e. B.	3. 4	19. 4	17. 4	3. 5	—	18. 4	18. 4	6. 5
18. 4	Prunus avium.	e. B.	19. 4	22. 4	21. 4	20. 4	2. 5	17. 4	16. 4	8. 5
18. 4	Betula alba.	B. O. s.	18. 4	20. 4	16. 4	13. 4	—	19. 4	21. 4	2. 5
19. 4	Prunus spin.	e. B.	15. 4	24. 4	—	1. 5	23. 4	21. 4	14. 4	4. 5
19-21.4	Carpinus bet.	B.O. s-e. B.	16. 4	23. 4	—	12. 4	26. 4	16.-19. 4	20. 4	5. 5
20. 4	Aesculus hipp.	a. Bel.	30. 4	20. 4	—	7. 5	3. 5	19. 4	24. 4	10. 5
—	Betula pub.	B. O. s.	12. 4	12. 4	16. 4	—	—	—	—	5. 5
—	Betula pub.	e. B.	8. 4	15. 4	17. 4	—	—	—	—	6. 5
21. 4	Fraxinus exc.	e. B.	20. 4	—	—	16. 5	—	22. 4	15. 4	6. 5
23. 4	Prunus pad.	e. B.	26. 4	—	25. 4	—	6. 5	22. 4	—	5. 5
23. 4	Pyrus comm.	e. B.	20. 4	1. 5	25. 4	13. 5	—	22. 4	21. 4	10. 5
24. 4	Fagus sylv.	B. O. s.	30. 4	23. 4	—	12. 4	28. 4	20. 4	22. 4	29. 4
28. 4	Pyrus mal.	e. B.	1. 5	5. 5	28. 4	13. 5	5. 5	30. 4	30. 4	14. 5
1. 5	Vitis vinif.	B. O. s.	26. 4	5. 5	—	29. 5	—	23. 4	1. 5	10. 5
1. 5	Quercus ped.	B. O. s.	30. 4	4. 5	28. 4	6. 5	2. 5	22. 4	3. 5	9. 5
—	Quercus sess.	B. O. s.	30. 4	4. 5	29. 4	6. 5	—	22 4	—	9. 5
2. 5	Acer pseud.	e. B.	26. 4	6. 5	—	14. 5	—	30. 4	—	8. 5
3. 5	Fagus sylv.	Bu. gr.	4. 5	7. 5	—	6. 5	5. 5	3. 5	30. 4	8. 5
3. 5	Abies pect.	B. O. s.	12. 5	10. 5	—	30. 5	—	8. 5	11. 5	15. 5
4. 5	Syringa vulg.	e. B.	2. 5	8. 5	1. 5	12. 5	—	5. 5	—	14 5
5. 5	Abies exc.	B. O. s.	2. 5	7. 5	27. 4	16. 5	14. 5	5. 5	6. 5	9. 5
—	Quercus ped.	Beg.d.Sch.	—	28. 4	—	14. 5	15. 5	—	—	—
—	Quercus sess.	Beg. d.Sch.	—	28. 4	—	14. 5	—	—	—	—
6. 5	Aesculus hipp.	e. B.	4. 5	9. 5	—	17. 5	19. 5	3. 5	—	16. 5
9. 5	Crataegus ox.	e. B.	4. 5	10. 5	—	20. 5	14. 5	8. 5	8. 5	18. 5
12. 5	Quercus ped.	e. B.	23. 4	8. 5	—	27. 5	9. 5	4. 5	12. 5	17. 5
—	Quercus sess.	e. B.	23. 4	8. 5	—	29. 5	—	4. 5	—	20. 5
12. 5	Spartium scop.	e. B.	6. 5	—	—	10. 5	—	—	—	—
14. 5	Quercus ped.	Ei gr.	28. 4	19. 4	10. 5	5. 6	12. 5	10. 5	10. 5	20. 5

Pflanzen.

mittl. Eintritt der Entwickl.-Phasen für Giessen.	Namen.	Art der Entwickl.-Phase.	Proskau (Pomol. Institut) P.	Rathsfeld Th.	Ratzeburg P.	Ravensberg P.	Reinfeld P.	Reutlingen W.	Richen H.	Riddagshausen Br.
			Eintritt der Entwickl.-Phasen im Jahre 1890 an den Stationen:							
—	Quercus sess.	Ei. gr.	28. 4	19. 5	8. 5	3. 6	—	10. 5	—	20. 5
15. 5	Cytisus lab.	e. B.	18. 5	13. 5	—	4. 6	—	13. 5	—	19. 5
16. 5	Sorbus aucup.	e. B.	20. 5	14. 5	—	14. 5	—	12. 5	—	20. 5
17. 5	Pinus sylv.	e. B.	24. 5	24. 5	5. 5	9. 6	—	12. 5	19. 5	21. 5
28. 5	Sambucus nig.	e. B.	21. 5	8. 6	—	2. 6	3. 6	21. 5	4. 6	6. 6
28. 5	Secale cer. hib.	e. B.	27. 5	25. 5	19. 5	16. 6	25. 5	21. 5	22. 5	8. 6
31. 5	Pinus sylv.	B. O. s.	20. 5	21. 5	21. 4	6. 6	—	11. 5	10. 5	14. 5
31. 5	Rubus id.	e. B.	22. 5	28. 5	25. 5	17. 6	4. 6	2. 6	7. 6	4. 6
2. 6	Robinia pseud.	e. B.	23. 5	3. 6	29. 5	20. 6	—	1. 6	24. 5	10. 6
14. 6	Vitis vinif.	e. B.	16. 6	20. 6	—	10. 5	—	25. 6	15. 6	18. 6
14. 6	Tritic. vulg. hib.	e. B.	17. 6	18. 6	5. 6	29. 6	20. 6	10. 6	13. 6	24. 6
19. 6	Ligustrum vulg.	e. B.	28. 5	24. 6	—	—	—	—	—	2. 7
20. 6	Ribes rub.	e. F.	22. 6	23. 6	29. 6	24. 7	7. 7	11. 6	16. 6	2. 7
22. 6	Tilia grand.	e. B.	9. 6	24. 6	—	5. 7	—	19. 6	—	6. 7
28. 6	Tilia parv.	e. B.	15. 6	29. 6	—	23. 7	—	25. 6	—	10. 7
29. 6	Avena sat.	e. B.	20. 6	7. 7	25. 6	—	5. 5	29. 6	30. 6	15. 7
3. 7	Rubus id.	e. F.	22. 6	9. 7	28. 6	20. 7	18. 7	10. 7	8. 7	16. 7
6. 7	Prunus pad.	e. F.	25. 6	—	—	—	—	4. 7	—	15. 7
19. 7	Secale cer. hib.	Anf. d. E.	4. 7	22. 7	25. 7	18. 7	28. 7	9. 7	21. 7	2. 8
31. 7	Sorbus aucup.	e. F.	21. 7	8. 8	—	16. 9	—	28. 7	—	15. 8
2. 8	Sambucus nig.	e. F.	28. 7	16. 8	19. 8	10. 9	23. 8	9. 8	9. 8	22. 8
4. 8	Tritic. vulg. hib.	Anf. d. E.	27. 7	10. 8	10. 8	6. 8	15. 8	1. 8	10. 8	16. 8
9. 8	Avena sat.	Anf. d. E.	29. 7	22. 8	15. 8	14. 9	25. 8	4. 8	15. 8	26. 8
10. 9	Ligustrum vulg.	e. F.	1. 9	15. 9	—	—	—	—	—	16. 9
17. 9	Aesculus hipp.	e. F.	19. 9	28. 9	—	—	—	10. 9	—	24. 9
20. 9	Quercus ped.	e. F.	22. 9	—	—	16. 10	30. 9	20. 9	—	—
—	Quercus sess.	e. F.	—	—	—	17. 10	—	20. 9	—	—
28. 9	Sorbus aucup.	a. L. V.	7. 9	20. 9	—	21. 9	—	10. 9	—	16. 9
10. 10	Aesculus hipp.	a. L. V.	26. 9	6. 10	—	6. 10	—	30. 9	6. 10	18. 10
13. 10	Betula alba.	a. L. V.	10. 10	10. 10	11. 10	5. 10	—	12. 10	10. 10	16. 10
—	Betula pub.	a. L. V.	12. 10	10. 10	11. 10	—	—	—	—	16. 10
14. 10	Fagus sylv.	a. L. V.	21. 10	16. 10	—	7. 10	5. 10	13. 10	14. 10	20. 10
19. 10	Quercus ped.	a. L. V.	22. 10	22. 10	—	5. 11	22. 10	18. 10	18. 10	20. 10
—	Quercus sess.	a. L. V.	30. 10	22. 10	—	9. 11	—	18. 10	—	20. 10
21. 10	Larix europ.	a. L. V.	2. 10	9. 10	—	12. 10	—	10. 10	9. 10	18. 10
Durchschnittliche Eintrittszeit der Phänomene für	Frühjahr		0	— 7	— 3	— 15	— 12	— 2	— 2	— 19
	Sommer		+ 11	— 7	— 10	— 3	— 13	+ 6	— 6	— 18
	Herbst		+ 4	+ 3	+ 4	+ 7	+ 8	+ 3	+ 4	— 3

Pflanzen.

mittl. Eintritt der Entwickl.-Phasen für Giessen.	Der Pflanzen Namen.	Art der Entwickl.-Phase.	Eintritt der Entwickl.-Phasen im Jahre 1890 an den Stationen:							
			Rittershofen E.	Rodacherbrunn Th.	Rogelwitz P.	Rosengrund P.	Rothebude bei Neuendorf P.	Rothenfier P.	Rudingshain H.	Rüthnick P.
11.2	Coryl. avell.	e. B.	5.2	28.3	3.3	16.2	21.3	20.3	24.3	14.4
15.3	Alnus glut.	e. B.	20.2	27.3	25.3	18.3	29.3	22.3	25.3	20.3
6.4	Larix europ.	e. B.	—	16.4	4.4	1.4	19.4	12.4	—	1.4
10.4	Aesculus hipp.	B. O. s.	—	18.4	13.4	9.4	—	9.4	—	12.4
12.4	Ribes gross.	e. B.	6.4	19.4	7.4	5.4	25.4	16.4	30.4	6.4
13.4	Acer plat.	e. B.	—	22.4	8.4	20.4	23.4	—	—	7.4
14.4	Ribes rub.	e. B.	14.4	20.4	14.4	20.4	26.4	18.4	2.5	10.4
14.4	Tilia grand.	B. O. s.	15.4	26.4	18.4	26.4	1.5	—	—	20.4
17.4	Larix europ.	B. O. s.	5.4	22.4	7.4	8.4	21.4	15.4	—	10.4
17.4	Betula alba.	e. B.	10.4	—	18.4	20.4	26.4	28.4	—	18.4
18.4	Prunus avium.	e. B.	11.4	22.4	17.4	26.4	30.4	22.4	2.5	15.4
18.4	Betula alba.	B. O. s.	14.4	—	19.4	24.4	26.4	21.4	—	18.4
19.4	Prunus spin.	e. B.	5.4	26.4	21.4	23.4	—	—	5.5	18.4
19-21.4	Carpinus bet.	B.O. s-e. B.	12.4- 6.4	20.4- 24.4	16.4- 19.4	25.4	22.4	18.4- 21.4	—	24.4
20.4	Aescul. hipp.	a. Bel.	—	2.5	19.4	14.4	—	26.4	—	24.4
—	Betula pub.	B. O. s.	14.4	—	—	—	26.4	21.4	—	—
—	Betula pub.	e. B.	10.4	—	—	—	26.4	28.4	—	—
21.4	Fraxinus exc.	e. B.	7.4	22.4	22.4	23.4	27.4	—	9.5	25.4
23.4	Prunus pad.	e. B.	—	—	22.4	—	1.5	29.4	—	—
23.4	Pyrus comm.	e. B.	14.4	23.4	22.4	9.5	5.5	29.4	8.5	22.4
24.4	Fagus sylv.	B. O. s.	13.4	20.4	20.4	29.4	—	27.4	24.4	28.4
28.4	Pyrus mal.	e. B.	28.4	29.4	30.4	13.4	6.5	2.5	10.5	23.4
1.5	Vitis vinif.	B. O. s.	5.5	—	23.4	—	—	11.5	—	1.5
1.5	Quercus ped.	B. O. s.	20.4	—	22.4	13.5	2.5	9.5	—	1.5
—	Quercus sess.	B. O. s.	20.4	—	22.4	—	—	9.5	—	29.4
2.5	Acer pseud.	e. B.	—	—	30.4	—	—	—	—	3.5
3.5	Fagus sylv.	Bu. gr.	3.5	2.5	3.5	—	—	6.5	8.5	—
3.5	Abies pect.	B. O. s.	—	14.5	8.5	—	—	—	—	5.5
4.5	Syringa vulg.	e. B.	7.5	—	5.5	10.5	4.5	7.5	—	8.5
5.5	Abies exc.	B. O. s.	5.5	22.5	5.5	8.5	—	—	—	5.5
—	Quercus ped.	Beg.d Sch.	—	—	—	—	—	—	—	—
—	Quercus sess.	Beg.d.Sch.	—	—	—	—	—	—	—	—
6.5	Aesculus hipp.	e. B.	—	26.5	3.5	27.5	—	6.5	—	5.5
9.5	Crataegus ox.	e. B.	5.5	24.5	8.5	—	15.5	—	2.6	5.5
12.5	Quercus ped.	e. B.	27.4	—	4.5	18.5	5.5	17.5	—	8.5
—	Quercus sess.	e. B.	27.4	—	4.5	—	—	17.5	—	7.5
12.5	Spartium scop.	e. B.	10.5	—	—	—	—	8.5	—	—
14.5	Quercus ped.	Ei. gr.	11.5	—	10.5	30.5	8.5	17.5	—	10.5

Pflanzen.

mittl. Eintritt der Entwickl.-Phasen für Giessen.	Der Pflanzen		Eintritt der Entwickl.-Phasen im Jahre 1890 an den Stationen:							
	Namen.	Art der Entwickl.-Phase.	Rittershofen E.	Rodacherbrunn Th.	Rogelwitz P.	Rosengrund P.	Rothebude bei Neuendorf P.	Rothenfier P.	Rudingshain H.	Rüthnick P.
—	Quercus sess.	Ei. gr.	11. 5	—	10. 5	—	—	17. 5	—	10. 5
15. 5	Cytisus lab.	e. B.	—	—	13. 5	---	—	—	—	—
16. 5	Sorbus aucup.	e. B.	5. 5	9. 5	12. 5	—	17. 5	16. 5	—	8. 5
17. 5	Pinus sylv.	e. B.	14. 5	—	12. 5	30. 5	8. 5	17. 5	—	15. 5
28. 5	Sambucus nig.	e. B.	—	21. 5	21. 5	—	23. 5	26. 5	10. 6	24. 5
28. 5	Secale cer. hib.	e. B.	19. 5	13. 6	21. 5	—	2. 6	22. 5	8. 6	20. 5
31. 5	Pinus sylv.	B. O. s.	12. 5	—	11. 5	—	—	9. 5	—	10. 5
31. 5	Rubus id.	e. B.	22. 5	14. 6	2. 6	—	6. 6	2. 6	20. 6	20. 5
2. 6	Robinia pseud.	e. B.	—	9. 6	1. 6	—	—	2. 6	—	26. 5
14. 6	Vitis vinif.	e. B.	9. 6	—	25. 6	—	—	11. 6	—	15. 6
14. 6	Tritic. vulg. hib.	e. B.	10. 6	—	10. 6	—	25. 6	11. 6	9. 7	5. 6
19. 6	Ligustrum vulg.	e. B.	—	—	—	—	—	—	—	—
20. 6	Ribes rub.	e. F.	30. 6	8. 7	11. 6	—	23. 6	27. 6	17. 7	10. 6
22. 6	Tilia grand.	e. B.	—	11. 7	19. 6	—	29. 6	27. 6	—	15. 6
28. 6	Tilia parv.	e. B.	—	—	25. 6	20. 6	5. 7	2. 7	—	24. 6
29. 6	Avena sat.	e. B.	9. 7	22. 7	29. 5	14. 7	9. 7	8. 7	—	20. 6
3. 7	Rubus id.	e. F.	3. 7	23. 7	10. 7	—	13. 7	8. 7	1. 8	30 6
6. 7	Prunus pad.	e. F.	—	—	4. 7	—	21. 7	12. 7	—	—
19. 7	Secale cer. hib.	Anf. d. E.	14. 7	19. 8	9. 7	16. 7	22. 7	19. 7	28. 7	15. 7
31. 7	Sorbus aucup.	e. F.	16. 7	15. 8	28. 7	—	23. 7	2. 8	—	24. 7
2. 8	Sambucus nig.	e. F.	—	—	9. 8	—	—	13. 8	12. 9	15. 8
4. 8	Tritic. vulg. hib.	Anf. d. E.	28. 7	—	1. 8	3. 8	11. 8	—	10. 8	27. 7
9. 8	Avena sat.	Anf. d. E.	14. 8	2. 9	4. 8	23. 8	9. 8	13. 8	15. 8	1. 8
10. 9	Ligustrum vulg.	e. F.	—	—	—	—	15. 9	—	—	—
17. 9	Aesculus hipp.	e. F.	—	22. 9	10. 9	8. 10	21. 9	21. 9	—	16. 9
20. 9	Quercus ped.	e. F.	—	—	20. 9	—	7. 9	24. 9	—	22. 9
—	Quercus sess.	e. F.	—	—	20. 9	—	7. 9	24. 9	—	22. 9
28. 9	Sorbus aucup.	a. L. V.	20. 9	15. 9	10. 9	—	20. 9	14. 9	—	25. 9
10. 10	Aesculus hipp.	a. L. V.	—	16. 10	30. 9	—	—	11. 10	—	1. 10
13. 10	Betula alba.	a. L. V.	3. 10	—	12. 10	25. 9	24. 9	7. 10	—	12. 10
—	Betula pub.	a. L. V.	3. 10	—	—	—	—	7. 10	—	—
14. 10	Fagus sylv.	a. L. V.	6. 10	22. 10	13. 10	—	—	18. 10	—	—
19. 10	Quercus ped.	a. L. V.	15. 10	—	18. 10	26. 9	4. 10	18. 10	—	12. 10
—	Quercus sess.	a. L. V.	15. 10	—	18. 10	—	4. 10	18. 10	—	12. 10
21. 10	Larix europ.	a. L. V.	30. 9	10. 10	10. 10	21. 9	6. 10	8. 10	—	10. 10
	Durchschnittliche	Frühjahr	+ 2	— 6	— 2	— 6	— 12	— 7	— 18	0
	Eintrittszeit der	Sommer	+ 1	— 35	+ 6	— 1	— 7	— 4	— 13	0
	Phänomene für	Herbst	+ 12	— 1	+ 3	+ 23	+ 16	+ 4	—	+ 5

Pflanzen.

mittl. Eintritt der Entwickl.-Phasen für Giessen.	Der Pflanzen Namen.	Art der Entwickl.-Phase.	Eintritt der Entwickl.-Phasen im Jahre 1890 an den Stationen:							
			Saalburg Th.	Sadlowo P.	Sassenberg P.	Saupark b. Springe P.	Scharfoldendorf Br.	Schirpitz P.	Schmiedefeld P.	Schönau i. W. B.
11. 2	Coryl. avell.	e. B.	16. 2	23. 3	—	14. 1	9. 3	—	—	20. 3
15. 3	Alnus glut.	e. B.	6. 4	25. 3	17. 3	12. 3	—	2. 4	—	—
6. 4	Larix europ.	e. B.	1. 4	10. 4	—	1. 4	—	—	—	—
10. 4	Aesculus hipp.	B. O. s.	26. 4	20. 4	—	31. 3	—	—	—	3. 5
12. 4	Ribes gross.	e. B.	8. 4	18. 4	22. 4	4. 4	18. 4	—	—	20. 4
13. 4	Acer plat.	e. B.	23. 4	25. 4	—	6. 4	—	—	12. 5	11. 5
14. 4	Ribes rub.	e. B.	12. 4	24. 4	24. 4	13. 4	29. 4	—	—	3. 5
14. 4	Tilia grand.	B. O. s.	20. 4	26. 4	—	22. 4	—	—	—	1. 5
17. 4	Larix europ.	B. O. s.	8. 4	14. 4	—	31. 3	—	—	—	28. 4
17. 4	Betula alba.	e. B.	2. 5	26. 4	12. 4	16. 4	—	15. 4	—	—
18. 4	Prunus avium.	e. B.	4. 5	29. 4	25. 4	18. 4	25. 4	7. 4	—	25. 4
18. 4	Betula alba.	B. O. s.	21. 4	23. 4	29. 4	22. 4	—	24. 4	—	28. 4
19. 4	Prunus spin.	e. B.	16. 4	29. 4	—	18. 4	23. 4	—	—	1. 5
19-21.4	Carpinus bet.	B.O.s-e.B.	1. 5	19. 4-25. 4	—	9. 4-11. 4	29. 4	—	—	6. 5
20. 4	Aescul. hipp.	a. Bel.	2. 5	23. 4	—	19. 4	—	—	—	15. 5
—	Betula pub.	B. O. s.	—	—	—	19. 4	—	—	—	28. 4
—	Betula pub.	e. B.	—	—	—	16. 4	—	—	—	—
21. 4	Fraxinus exc.	e. B.	2. 5	—	—	23. 4	—	—	—	—
23. 4	Prunus pad.	e. B.	6. 5	9. 5	9. 5	21. 4	—	14. 4	—	—
23. 4	Pyrus. comm.	e. B.	2. 5	1. 5	—	20. 4	25. 4	14. 4	—	8. 5
24. 4	Fagus sylv.	B. O. s.	24. 4	24. 4	—	8. 4	25. 4	—	8. 5	1. 5
28. 4	Pyrus mal.	e. B.	30. 4	3. 5	—	5. 5	—	16. 4	—	15. 5
1. 5	Vitis vinif.	B. O. s.	4. 5	—	—	4. 5	—	—	—	—
1. 5	Quercus ped.	B. O. s.	8. 5	30. 4	10. 5	29. 4	5. 5	—	—	8. 5
—	Quercus sess.	B. O. s.	—	8. 5	—	29. 4	—	—	—	8. 5
2. 5	Acer. pseud.	c. B.	2. 5	30. 4	—	3. 5	3. 5	—	21. 5	—
3. 5	Fagus sylv.	Bu. gr.	2. 5	26. 4	14. 5	27. 4	1. 5	—	9. 5	16. 5
3. 5	Abies pect.	B. O. s.	16. 5	6. 5	—	7. 5	—	—	20. 5	21. 5
4. 5	Syringa vulg.	e. B.	16. 5	5. 5	—	6. 5	—	1. 5	—	—
5. 5	Abies exc.	B. O. s.	6. 5	2. 5	14. 5	7. 5	5. 5	—	18. 5	20. 5
—	Quercus ped.	Beg. d.Sch.	—	—	—	5. 5	—	—	—	8. 5
—	Quercus sess.	Beg. d.Sch.	—	—	—	5. 5	—	—	—	8. 5
6. 5	Aesculus hipp.	e. B.	12. 5	6. 5	—	8. 5	—	—	—	22. 5
9. 5	Crataegus ox.	e. B.	14. 5	5. 5	—	9. 5	—	—	—	26. 5
12. 5	Quercus ped.	e. B.	18. 5	4. 5	—	11. 5	—	29. 4	—	18. 5
—	Quercus sess.	e. B.	—	10. 5	—	11. 5	—	—	—	—
12. 5	Spartium scop.	e. B.	14. 5	—	—	29. 5	—	—	—	—
14. 5	Quercus ped.	Ei. gr.	—	8. 5	19. 5	12. 5	—	—	—	20. 5

Pflanzen.

mittl. Eintritt der Entwickl.-Phasen für Giessen.	Der Pflanzen		Eintritt der Entwickl.-Phasen im Jahre 1890 an den Stationen:							
	Namen.	Art der Entwickl.-Phase.	Saalburg Th.	Sadlowo P.	Sassenberg P.	Saupark b. Springe P.	Scharfoldendorf Br.	Schirpitz P.	Schmiedefeld P.	Schönau i. W. B.
—	Quercus sess.	Ei. gr.	—	15. 5	—	12. 5	—	—	—	20. 5
15. 5	Cytisus lab.	e. B.	16. 5	—	—	12. 5	—	—	—	—
16. 5	Sorbus aucup.	e. B.	16. 5	7. 5	—	12. 5	—	—	6. 6	—
17. 5	Pinus sylv.	e. B.	18. 5	10. 5	21. 5	18. 5	—	10. 5	—	—
28. 5	Sambucus nig.	e. B.	3. 6	31. 5	—	31. 5	—	—	—	10. 6
28. 5	Secale cer. hib.	e. B.	26. 5	22. 5	4. 6	26. 5	—	20. 5	—	4. 6
31. 5	Pinus sylv.	B. O. s.	30. 4	6. 5	19. 5	28. 5	—	—	—	—
31. 5	Rubus id.	e. B.	4. 6	18. 5	9. 6	18. 5	—	—	3. 7	6. 6
2. 6	Robinia pseud.	e. B.	2. 6	—	—	4. 6	—	17. 5	—	—
14. 6	Vitis vinif.	e. B.	—	—	—	21. 6	—	—	—	—
14. 6	Tritic. vulg. hib.	e. B.	4. 6	15. 6	—	23. 6	—	21. 5	—	—
19. 6	Ligustrum vulg.	e. B.	—	—	—	16. 6	—	—	—	—
20. 6	Ribes rub.	e. F.	1. 7	16. 6	—	15. 6	—	—	—	28. 5
22. 6	Tilia grand.	e. B.	26. 6	27. 6	—	23. 6	—	—	—	3 7.
28. 6	Tilia parv.	e. B.	2. 7	30. 6	—	3. 7	—	—	—	—
29. 6	Avena sat.	e. B.	3. 7	30. 6	25. 6	10. 7	—	15. 6	—	—
3. 7	Rubus id.	e. F.	14. 7	30. 6	6. 7	24. 6	—	—	8. 8	20. 7
6. 7	Prunus pad.	e. F.	17. 7	25. 7	—	10. 7	—	—	—	—
19. 7	Secale cer. hib.	Anf. d. E.	4. 8	14. 7	29. 7	1. 8	—	16. 6	—	15. 8
31. 7	Sorbus aucup.	e. F.	10. 8	15. 7	—	10. 7	—	—	3. 10	6. 8
2. 8	Sambucus nig.	e. F.	16. 8	15. 8	—	15. 8	—	—	—	10. 9
4. 8	Tritic. vulg. hib.	Anf. d. E.	12. 8	30. 7	—	8. 8	—	2. 8	—	—
9. 8	Avena sat.	Anf. d. E.	14. 8	1. 8	18. 8	16. 8	—	—	8. 9	22. 8
10. 9	Ligustrum vulg.	e. F.	—	—	—	15. 9	—	—	—	—
17. 9	Aesculus hipp.	e. F.	20. 9	—	—	10. 9	—	—	—	—
20. 9	Quercus ped.	e. F.	—	—	—	11. 9	—	—	—	—
—	Quercus sess.	e. F.	—	—	—	12. 9	—	—	—	—
28. 9	Sorbus aucup.	a. L. V.	10. 9	16. 9	—	16. 9	—	—	3. 10	—
10. 10	Aesculus hipp.	a. L. V.	10. 10	—	—	2. 10	—	—	—	20. 9
13. 10	Betula alba.	a. L. V.	8. 10	10. 10	10. 10	10. 10	—	28. 9	—	20. 9
—	Betula pub.	a. L. V.	—	10. 10	—	10. 10	—	—	—	20. 9
14. 10	Fagus sylv.	a. L. V.	20. 10	11. 10	18. 10	13. 10	—	—	3. 10	20. 9
19. 10	Quercus ped.	a. L. V.	25. 10	12. 10	26. 10	1. 11	—	3. 10	—	20 9
—	Quercus sess.	a. L. V.	—	12. 10	—	1. 11	—	—	—	20. 9
21. 10	Larix europ.	a. L. V.	12. 10	11. 10	—	15. 10	—	—	—	20. 9
Durchschnittliche	Frühjahr		— 9	— 12	— 9	— 2	— 11	+ 6	—	— 17
Eintrittszeit der	Sommer		— 20	+ 1	— 14	— 17	—	+ 29	—	— 31
Phänomene für	Herbst		+ 2	+ 4	0	+ 2	—	+ 17	+ 10	+ 25

Pflanzen.

mittl. Eintritt der Entwickl.-Phasen für Giessen.	Der Pflanzen		Eintritt der Entwickl.-Phasen im Jahre 1890 an den Stationen:							
	Namen.	Art der Entwickl.-Phase.	Schönmünzach W.	Schönwalde P.	Schoo P.	Schwarza P.	Schwikartshausen H.	Seega Th.	Siegburg P.	Sierck E.
11. 2	Coryl. avell.	e. B.	15. 3	18. 2	26. 2	20. 2	8. 2	16. 3	—	2. 2
15. 3	Alnus glut.	e. B.	4. 4	20. 3	20. 3	20. 2	12. 3	—	16. 3	28. 3
6. 4	Larix europ.	e. B.	—	4. 4	12. 4	—	4. 4	10. 4	1. 4	8. 4
10. 4	Aesculus hipp.	B. O. s.	—	6. 4	24. 4	—	7. 4	18. 4	5. 4	19. 4
12. 4	Ribes gross.	e. B.	24. 4	8. 4	21. 4	24. 4	12. 4	12. 4	5. 4	7. 4
13. 4	Acer plat.	e. B.	—	8. 4	28. 4	30. 4	—	16. 4	6. 4	—
14. 4	Ribes rub.	e. B.	26. 4	8. 4	25. 4	27. 4	15. 4	17. 4	9. 4	10. 4
14. 4	Tilia grand.	B. O. s.	—	8. 4	28. 4	—	15. 4	24. 4	9 4	20. 4
17. 4	Larix europ.	B. O. s.	—	10. 4	22. 4	22. 4	6. 4	15. 4	2. 4	20. 4
17. 4	Betula alba.	e. B.	30. 4	5. 4	3. 5	23. 4	21. 4	20. 4	16. 4	15. 4
18. 4	Prunus avium.	e. B.	30. 4	20. 4	25. 4	—	21. 4	24. 4	14. 4	16. 4
18. 4	Betula alba.	B. O. s.	2. 5	17. 4	7. 5	25. 4	23. 4	23. 4	17. 4	20. 4
19. 4	Prunus spin.	e. B.	—	—	20. 4	1. 5	23. 4	24. 4	18. 4	27. 4
19-21.4	Carpinus bet.	B. O. s-e.B.	—	10. 4	20. 4	28. 4	18. 4	22. 4	11. 4	20. 4
20. 4	Aescul. hipp.	a. Bel.	—	19. 4	2. 5	—	18. 4	25. 4	14. 4	28. 4
—	Betula pub.	B. O. s.	—	—	—	—	18. 4	—	—	—
—	Betula pub.	e. B.	—	—	—	—	19. 4	—	—	—
21. 4	Fraxinus exc.	e. B.	—	18. 4	5. 5	—	26. 4	—	20. 4	20. 4
23. 4	Prunus pad.	e. B.	—	20. 4	—	9. 5	25. 4	—	—	—
23. 4	Pyrus comm.	e. B.	6. 5	26. 4	1. 5	—	25. 4	1. 5	18. 4	26. 4
24. 4	Fagus sylv.	B. O. s.	7. 5	20. 4	26. 4	25. 4	28. 4	25. 4	9. 4	24. 4
28. 4	Pyrus mal.	e. B.	9. 5	30. 4	11. 5	—	28. 4	3. 5	20. 4	5. 5
1. 5	Vitis vinif.	B. O. s.	—	28. 4	2. 5	—	29. 4	2. 5	27. 4	15. 5
1. 5	Quercus ped.	B. O. s.	—	3. 5	9. 5	—	6. 5	3. 5	23. 4	6. 5
—	Quercus sess.	B. O. s.	—	3. 5	9. 5	8. 5	6. 5	3. 5	23. 4	8. 5
2. 5	Acer. pseud.	e. B.	10. 5	3. 5	8. 5	—	4. 5	—	2. 5	—
3. 5	Fagus sylv.	Bu. gr.	20. 5	28. 4	8. 5	4. 5	16. 5	5. 5	29. 4	7. 5
3. 5	Abies pect.	B. O. s.	24. 5	11. 5	8. 5	—	15. 5	12. 5	7. 5	8. 5
4. 5	Syringa vulg.	e. B.	12. 5	7. 5	—	—	—	10. 5	4. 5	8. 5
5. 5	Abies exc.	B. O. s.	20. 5	2. 5	6. 5	17. 5	9. 5	8. 5	3. 5	6. 5
—	Quercus ped.	Beg. d.Sch.	—	—	—	—	10. 5	—	28. 4	1. 5
—	Quercus sess.	Beg. d.Sch.	—	—	—	—	12. 5	—	28. 4	1. 5
6. 5	Aesculus hipp.	e. B.	—	8 5	15. 5	—	14. 5	11. 5	5. 5	10. 5
9. 5	Crataegus ox.	e. B.	—	8. 5	10. 5	18. 5	14. 5	14. 5	6. 5	10. 5
12. 5	Quercus ped.	e. B.	—	6. 5	14. 5	—	9. 5	—	7. 5	9. 5
—	Quercus sess.	e. B.	—	6. 5	17. 5	—	10. 5	—	8. 5	12. 5
12. 5	Spartium scop.	e. B.	—	12. 5	19. 5	—	—	—	10. 5	—
14. 5	Quercus ped.	Ei. gr.	—	8. 5	20. 5	—	18. 5	14. 5	6. 5	18. 5

Pflanzen.

mittl. Eintritt der Entwickl.-Phasen für Giessen.	Der Pflanzen — Namen.	Art der Entwickl.-Phase.	Schönmünzach W.	Schönwalde P.	Schoo P.	Schwarza P.	Schwickartshausen H.	Seega Th.	Siegburg P.	Sierck E.
—	Quercus sess.	Ei. gr.	—	8. 5	24. 5	13. 5	17. 5	14. 5	6. 5	18. 5
15. 5	Cytisus lab.	e. B.	—	15. 5	20. 5	—	—	—	10. 5	14. 5
16. 5	Sorbus aucup.	e. B.	4. 6	15. 5	18. 5	—	15. 5	—	20. 5	12. 5
17. 5	Pinus sylv.	e. B.	2. 6	19. 5	27. 5	—	16. 5	18. 5	12. 5	18. 5
28. 5	Sambucus nig.	e. B.	12. 6	28. 5	27. 5	—	19. 5	1. 6	22. 5	22. 5
28. 5	Secale cer. hib.	e. B.	—	30. 5	3. 6	—	30. 5	29. 5	22. 5	26. 5
31. 5	Pinus sylv.	B. O. s.	29. 5	15. 5	22 5	18. 5	15. 5	20. 5	9. 5	10. 5
31. 5	Rubus id.	e. B.	6. 6	1. 6	8. 6	—	5. 6	4. 6	4. 6	28. 5
2. 6	Robinia pseud.	e. B.	—	1. 6	11. 6	—	6. 6	3. 6	30. 5	2. 6
14. 6	Vitis vinif.	e. B.	—	12. 6	28. 6	—	17. 6	22. 6	15. 6	8. 6
14. 6	Tritic. vulg. hib.	e. B.	—	—	14. 6	—	19. 6	16. 6	14. 6	8. 6
19. 6	Ligustrum vulg.	e. B.	—	—	26. 6	—	—	26. 6	16. 6	17 6
20. 6	Ribes rub.	e. F.	12. 7	20. 6	16. 6	6. 7	21. 6	23. 6	15. 6	18. 6
22. 6	Tilia grand.	e. B.	—	16. 6	20. 6	—	25. 6	24. 6	19. 6	19. 6
28. 6	Tilia parv.	e. B.	—	22. 6	30. 6	—	27. 6	24. 6	27. 6	21. 6
29. 6	Avena sat.	e. B.	—	28. 6	20. 6	—	28. 6	28. 6	22. 6	3. 7
3. 7	Rubus id.	e. F.	12. 7	3. 7	8. 7	—	8. 7	8. 7	6. 7	10. 7
6. 7	Prunus pad.	e. F.	—	—	—	—	6. 7	—	—	—
19. 7	Secale cer. hib.	Anf. d. E.	—	17. 7	28. 7	—	25. 7	20. 7	14. 7	22. 7
31. 7	Sorbus aucup.	e. F.	6. 8	28. 7	9. 8	—	29. 7	—	25. 7	28. 7
2. 8	Sambucus nig.	e. F.	20. 8	10. 8	16. 8	—	15. 8	—	13. 8	14. 8
4. 8	Tritic. vulg. hib.	Anf. d. E.	—	—	14. 8	—	10. 8	4. 8	4. 8	30. 7
9. 8	Avena sat.	Anf. d. E.	—	21. 8	28. 8	—	21. 8	13. 8	16. 8	16. 8
10. 9	Ligustrum vulg.	e. F.	—	—	18. 9	—	—	12. 9	8. 9	12. 9
17. 9	Aesculus hipp.	e. F.	—	25. 8	25. 9	—	18. 9	18. 9	12. 9	19. 9
20. 9	Quercus ped.	e. F.	—	28. 9	25. 9	—	19. 9	—	—	28. 9
—	Quercus sess.	e. F.	—	28. 9	25. 9	—	23. 9	—	—	30 9
28. 9	Sorbus aucup.	a. L. V.	24. 9	—	22. 9	—	16. 9	—	12. 9	16. 9
10. 10	Aesculus hipp.	a. L. V.	—	12. 10	21. 10	—	26. 10	12. 10	10. 10	9. 10
13. 10	Betula alba.	a. L. V.	30. 10	20. 10	24. 10	6. 10	15. 10	10. 10	18. 10	9. 10
—	Betula pub.	a. L. V.	—	—	—	—	14. 10	—	—	—
14. 10	Fagus sylv.	a. L. V.	30. 10	23. 10	30. 10	6. 10	17. 10	13. 10	19. 10	24. 10
19. 10	Quercus ped.	a. L. V.	—	23. 10	2. 11	—	29. 10	21. 10	20. 10	1. 11
—	Quercus sess.	a. L. V.	—	23. 10	2. 11	6. 10	30. 10	21. 10	20. 10	1. 11
21. 10	Larix europ.	a. L. V.	—	18. 10	24. 10	16. 10	18. 10	8. 10	12. 10	12. 10
	Durchschnittliche	Frühjahr	— 14	+ 1	— 12	— 14	— 4	— 7	+ 1	— 4
	Eintrittszeit der	Sommer	—	— 2	— 13	—	— 10	— 5	+ 1	— 7
	Phänomene für	Herbst	— 16	— 5	— 11	+ 6	— 2	+ 5	— 1	0

Pflanzen.

mittl. Eintritt der Entwickl.-Phasen für Giessen.	Namen.	Art der Entwickl.-Phase.	Sonnenberg P.	Staufen B.	Steinerkrug P.	Stockhausen H.	Tantenburg Th.	Thiengen B.	Thierenbach E.	Thomashuus P.
11. 2	Coryl. avell.	e. B.	—	20. 2	19. 3	31. 1	14. 2	11. 3	15. 2	5. 2
15. 3	Alnus glut.	e. B.	—	22. 3	25. 3	25. 3	—	20. 3	20. 3	8. 2
6. 4	Larix europ.	e. B.	—	10. 4	15. 4	—	17. 5	5. 4	15. 4	27. 4
10. 4	Aesculus hipp.	B. O. s.	—	14. 4	23. 4	24. 4	17. 4	9. 4	10. 4	4. 5
12. 4	Ribes gross.	e. B.	—	16. 4	14. 4	18. 4	7. 4	6. 4	11. 4	26. 4
13. 4	Acer plat.	e. B.	—	14. 4	15. 4	25. 4	12. 4	8 4	15. 4	1. 5
14. 4	Ribes rub.	e. B.	—	20. 4	16. 4	25. 4	22. 4	9. 4	15. 4	3. 5
14. 4	Tilia grand.	B. O. s.	—	22. 4	29. 4	5. 5	21. 4	14. 4	16. 4	6. 5
17. 4	Larix europ.	B. O. s.	—	12. 4	20. 4	16. 4	18. 4	9. 4	12. 4	30. 4
17. 4	Betula alba.	e. B.	3. 5	19. 4	19. 4	—	12. 4	10. 4	18. 4	30. 4
18. 4	Prunus avium.	e. B.	—	24. 4	30. 4	3. 5	18. 4	16. 4	16. 4	3. 5
18. 4	Betula alba.	B. O. s.	8. 5	22. 4	26. 4	29. 4	24. 4	14. 4	19. 4	2. 5
19. 4	Prunus spin.	e. B.	—	23. 4	—	2. 5	12. 4	16. 4	13. 4	3. 5
19-21.4	Carpinus bet.	B.O. s-e. B.	—	16. 4	24. 4-20. 4	5. 5	14. 4	14. 4	17. 4	—
20. 4	Aescul. hipp.	a. Bel.	—	24. 4	27. 4	30. 4	24. 4	14. 4	19. 4	8. 5
—	Betula pub.	B. O. s.	—	25. 4	19. 4	—	—	—	18. 4	—
—	Betula pub.	e. B.	—	19. 4	19. 4	—	—	—	18. 4	—
21. 4	Fraxinus exc.	e. B.	—	22. 4	2. 5	18. 5	26. 4	20. 4	24. 4	9. 5
23. 4	Prunus pad.	e. B.	—	22. 4	4. 5	6. 5	—	22. 4	—	10. 5
23. 4	Pyrus. comm.	e. B.	—	28. 4	1. 5	3. 5	20. 4	22. 4	23. 4	9. 5
24. 4	Fagus sylv.	B. O. s.	—	18. 4	30. 4	28. 4	13. 4	23. 4	24. 4	26. 4
28. 4	Pyrus mal.	e. B.	—	4. 5	6. 5	15. 5	29. 4	30. 4	28. 4	10. 5
1. 5	Vitis vinif.	B. O. s.	—	6. 5	—	—	8. 5	6. 5	8. 5	—
1. 5	Quercus ped.	B. O. s.	—	9. 5	3. 5	14. 5	10. 5	2. 5	25. 4	13. 5
—	Quercus sess.	B. O. s.	—	9. 5	5. 5	14. 5	6. 5	—	25. 4	—
2. 5	Acer. pseud.	e. B.	8. 5	8. 5	6. 5	1. 5	8. 5	2. 5	6. 5	7. 5
3. 5	Fagus sylv.	Bu. gr.	—	10. 5	7. 5	2. 5	11. 5	2. 5	8. 5	5. 5
3. 5	Abies pect.	B. O. s.	—	17. 5	6. 5	16. 5	—	7. 5	9. 5	11. 5
4. 5	Syringa vulg.	e. B.	—	12. 5	5. 5	—	9. 5	2. 5	—	18. 5
5. 5	Abies exc.	B. O. s.	20. 5	9. 5	5. 5	10. 5	11. 5	2. 5	8. 5	13. 5
—	Quercus ped.	Beg.d.Sch.	—	8. 5	9. 5	—	6. 5	6. 5	16. 4	—
—	Quercus sess.	Beg.d.Sch.	—	8. 5	9. 5	—	6. 5	—	16. 4	—
6. 5	Aesculus hipp.	e. B.	—	12. 5	10. 5	18. 5	13. 5	6. 5	7. 5	14. 5
9. 5	Crataegus ox.	e. B.	—	16. 5	13. 5	16. 5	12. 5	7. 5	9. 5	19. 5
12. 5	Quercus ped.	e. B.	—	20. 5	5. 5	—	15. 5	15. 5	6. 5	15. 5
—	Quercus sess.	e. B.	—	20. 5	6. 5	—	—	—	6. 5	—
12. 5	Spartium scop.	e. B.	—	18. 5	—	22. 5	—	—	14. 5	10. 6
14. 5	Quercus ped.	Ei. gr.	—	20. 5	18. 5	30. 5	26. 5	17. 5	3. 5	20. 5

Pflanzen.

mittl. Eintritt der Entwickl.-Phasen für Giessen.	Namen.	Art der Entwickl.-Phase.	Sonnenberg P.	Staufen B.	Steinerkrug P.	Stockhausen H.	Tautenburg Th.	Thiengen B.	Thierenbach E.	Thomashuus P.
—	Quercus sess.	Ei. gr.	—	20. 5	18. 5	30. 5	—	—	3 5	—
15. 5	Cytisus lab.	e. B.	—	—	—	24. 5	—	17. 5	—	23. 5
16. 5	Sorbus aucup.	e. B.	26. 5	19. 5	—	—	17. 5	—	18. 5	24. 5
17. 5	Pinus sylv.	e. B.	—	17. 5	12. 5	—	23. 5	19. 5	15. 5	5. 6
28. 5	Sambucus nig.	e. B.	—	30. 5	1. 6	17. 6	21. 6	27. 5	28. 5	15 6
28. 5	Secale cer. hib.	e. B.	—	5. 6	25. 5	15. 6	25. 5	20. 5	30. 5	4. 6
31. 5	Pinus sylv.	B. O. s.	—	18. 5	10. 5	19. 5	15. 5	15. 5	7. 5	29. 5
31. 5	Rubus id.	e. B.	14. 7	3. 6	1. 6	18. 6	8. 6	28. 5	4. 6	14. 6
2. 6	Robinia pseud.	e. B.	—	4. 6	—	—	—	28. 5	1. 6	—
14. 6	Vitis vinif.	e. B.	—	20. 6	—	—	26. 6	21. 6	22. 6	—
14. 6	Tritic. vulg. hib.	e. B.	—	22. 6	15. 6	—	10. 6	13. 6	22. 6	18. 7
19. 6	Ligustrum vulg.	e. B.	—	18. 6	—	—	24. 6	26. 6	—	—
20. 6	Ribes rub.	e. F.	—	28. 6	20. 6	10. 7	25. 6	24. 6	24. 6	16. 7
22. 6	Tilia grand.	e. B.	—	29. 6	—	8. 7	5. 7	—	16. 6	17. 7
28. 6	Tilia parv.	e. B.	—	29. 6	28. 6	8. 7	12. 7	29. 6	18. 6	24. 7
29. 6	Avena sat.	e. B.	—	4. 7	2. 7	10. 7	5. 7	4. 7	28. 6	24. 7
3. 7	Rubus id.	e. F.	5. 8	10. 7	6. 7	17. 7	12. 7	8. 7	7. 7	22. 7
6. 7	Prunus pad.	e. F.	—	8. 7	6. 7	15. 7	—	—	—	—
19. 7	Secale cer. hib.	Anf. d. E.	—	30. 7	22. 7	28. 7	29. 7	10. 7	17. 7	6. 8
31. 7	Sorbus aucup.	e. F.	—	6. 8	—	28. 8	1. 8	—	28. 7	1. 9
2. 8	Sambucus nig.	e. F.	—	24. 8	6. 8	15. 9	19. 8	8. 8	18. 8	3. 9
4. 8	Tritic. vulg. hib.	Anf. d. E.	—	12. 8	2. 8	15. 8	12. 8	1. 8	6. 8	18. 8
9. 8	Avena sat.	Anf. d. E.	—	20. 8	4. 8	27. 8	18. 8	9. 8	18 8	2. 9
10. 9	Ligustrum vulg.	e. F.	—	18. 8	—	—	23. 9	7. 9	—	—
17. 9	Aesculus hipp.	e. F.	—	24. 9	14. 9	5. 10	2. 10	18. 9	22. 9	22. 9
20. 9	Quercus ped.	e. F.	—	24. 9	25. 9	10. 10	3. 10	20. 9	24: 9	10. 10
—	Quercus sess.	e. F.	—	24. 9	25. 9	10. 10	—	—	26. 9	—
28. 9	Sorbus aucup.	a. L. V.	1. 10	16. 9	—	18. 9	25. 9	—	15. 9	10. 10
10. 10	Aesculus hipp.	a. L. V.	—	16. 10	10. 10	28. 9	3. 10	8. 10	12. 10	13. 10
13. 10	Betula alba.	a. L. V.	9. 10	20. 10	10. 10	30. 9	4. 10	11. 10	14. 10	5. 10
—	Betula pub.	a. L. V.	—	20. 10	10. 10	30, 9	—	—	14. 10	—
14. 10	Fagus sylv.	a. L. V.	—	4. 11	15. 10	25. 9	6. 10	14 10	15. 10	12. 10
19. 10	Quercus ped.	a. L. V.	—	5. 11	22. 10	2. 11	9. 10	17. 10	20. 10	25. 10
—	Quercus sess.	a. L. V.	—	5. 11	22. 10	2. 11	—	—	20. 10	—
21. 10	Larix europ.	a L. V.	—	20. 10	10. 10	5. 10	8. 10	10. 10	16. 10	15. 10
Durchschnittliche	Frühjahr		— 18	— 5	— 9	— 15	— 1	0	— 1	— 17
Eintrittszeit der	Sommer		—	— 15	— 7	— 13	— 14	+ 5	— 2	— 22
Phänomene für	Herbst		+ 6	— 10	+ 3	+ 15	+ 9	+ 3	0	+ 4

Pflanzen.

mittl. Eintritt der Entwickl.-Phasen für Giessen.	Der Pflanzen		Eintritt der Entwickl.-Phasen im Jahre 1890 an den Stationen:							
	Namen.	Art der Entwickl.-Phase.	Todtenrode Br.	Todtnau B.	Torgelow P.	Tornau P.	Tuttlingen W.	Ullersdorf P.	Urbeis E.	Viernheim H.
11. 2	Coryl. avell.	e. B.	10. 3	19. 3	10. 2	7. 2	14. 3	16. 3	21. 3	—
15. 3	Alnus glut.	e. B.	—	19. 3	18. 3	7. 3	—	20. 3	—	—
6. 4	Larix europ.	e. B.	—	—	10. 4	7. 4	—	6. 4	—	—
10. 4	Aesculus hipp.	B. O. s.	20. 4	15. 4	24. 4	8. 4	6. 5	20. 4	16. 4	7. 4
12. 4	Ribes gross.	e. B.	1. 5	27. 4	24. 4	9. 4	30. 4	25. 4	8. 4	10. 4
13. 4	Acer plat.	e. B.	3. 5	—	16. 4	—	—	2. 5	—	—
14. 4	Ribes rub.	e. B.	5. 5	28. 4	24. 4	12. 4	4. 5	1. 5	28. 4	10. 4
14. 4	Tilia grand.	B. O. s.	4. 5	—	25. 4	13. 4	—	1. 5	29. 4	2. 5
17. 4	Larix europ.	B. O. s.	—	29. 4	13. 4	8. 4	13. 4	16. 4	29. 4	4. 4
17. 4	Betula alba.	e. B.	25. 4	—	24. 4	9. 4	—	1. 5	—	11. 4
18. 4	Prunus avium.	e. B.	—	—	23. 4	18. 4	3. 5	26. 4	24. 4	7. 4
18. 4	Betula alba.	B. O. s.	28. 4	28. 4	26. 4	12. 4	—	1. 5	29. 4	16. 4
19. 4	Prunus spin.	e. B.	—	4. 5	23. 4	27. 4	3. 5	—	29. 4	15. 4
19-21.4	Carpinus bet.	B.O. s-e. B.	5. 5	—	20. 4	14. 4	—	—	—	—
20. 4	Aesculus hipp.	a. Bel.	10. 5	24. 4	25. 4	27. 4	11. 5	9. 5	10. 5	14. 4
—	Betula pub.	B. O. s.	—	—	24. 4	—	—	1. 5	29. 4	—
—	Betula pub.	e. B.	—	—	24. 4	—	—	1. 5	—	—
21. 4	Fraxinus exc.	e. B.	5. 5	—	25. 4	27. 4	—	11. 5	10. 5	—
23. 4	Prunus pad.	e. B.	—	—	25. 4	27. 4	10. 5	8. 5	25. 4	20. 4
23. 4	Pyrus comm.	e. B.	—	—	28. 4	26. 4	—	11. 5	15. 5	14. 4
24. 4	Fagus sylv.	B. O. s.	1. 5	9. 5	23. 4	14. 4	6. 5	7. 5	8. 5	7. 4
28. 4	Pyrus mal.	e. B.	—	—	6. 5	3. 5	13. 5	14. 5	10. 5	—
1. 5	Vitis vinif.	B. O. s.	—	—	10. 5	1. 5	—	—	—	27. 4
1. 5	Quercus ped.	B. O. s.	5. 5	—	5. 5	6. 5	—	12. 5	—	5. 5
—	Quercus sess.	B. O. s.	5. 5	—	—	6. 5	—	12. 5	—	8. 5
2. 5	Acer pseud.	c. B.	—	—	9. 5	15. 4	—	14. 5	28. 4	26. 4
3. 5	Fagus sylv.	Bu. gr.	10. 5	18. 5	10. 5	3. 5	11. 5	12. 5	20. 5	20. 4
3. 5	Abies pect.	B. O. s.	—	25. 5	13. 5	8. 5	12. 5	10. 5	23. 5	—
4. 5	Syringa vulg.	e. B.	—	—	12. 5	30. 5	17. 5	19. 5	13. 5	—
5. 5	Abies exc.	B. O. s.	10. 5	26. 5	6. 5	8. 5	17. 5	11. 5	23. 5	—
—	Quercus ped.	Beg.d.Sch.	—	—	—	—	—	—	—	—
—	Quercus sess.	Beg.d.Sch.	—	—	—	—	—	—	—	—
6. 5	Aesculus hipp.	e. B.	14. 5	24. 5	11. 5	8. 5	18. 5	18. 5	10. 6	5. 5
9. 5	Crataegus ox.	e. B.	—	30. 5	11. 5	10. 5	22. 5	—	—	14. 5
12. 5	Quercus ped.	e. B.	—	—	13. 5	6. 5	—	—	—	—
—	Quercus sess.	e. B.	—	—	—	18. 5	—	—	—	—
12. 5	Spartium scop.	e. B.	18. 5	—	—	11. 5	—	—	—	2. 5
14. 5	Quercus ped.	Ei. gr.	18. 5	—	19. 5	12. 5	—	—	—	10. 5

Pflanzen.

mittl. Eintritt der Entwickl.-Phasen für Giessen.	Der Pflanzen		Eintritt der Entwickl.-Phasen im Jahre 1890 an den Stationen:							
	Namen.	Art der Entwickl.-Phase.	Todtenrode Br.	Todtnau B.	Torgelow P.	Tornau P.	Tuttlingen W.	Ullersdorf P.	Urbeis E.	Viernheim H.
—	Quercus sess.	Ei. gr.	18. 5	—	—	20. 5	—	—	—	13. 5
15. 5	Cytisus lab.	e. B.	—	—	20. 5	17. 5	7. 6	—	—	—
16. 5	Sorbus aucup.	e. B.	—	—	20. 5	10. 5	30. 5	22. 5	20. 6	—
17. 5	Pinus sylv.	e. B.	—	—	22 5	12. 5	—	25. 5	20. 6	—
28. 5	Sambucus nig.	e. B.	—	14. 5	1. 6	8. 5	16. 6	2. 6	20. 6	—
28. 5	Secale cer. hib.	e. B.	—	—	6. 6	21. 5	—	6. 6	18. 6	19. 5
31. 5	Pinus sylv.	B. O. s.	—	—	20. 5	20. 5	24. 5	19. 5	18. 5	—
31. 5	Rubus id.	e. B.	—	8. 6	6. 6	29. 5	7. 6	10. 6	2. 7	—
2. 6	Robinia pseud.	e. B.	—	—	6. 6	24. 5	—	—	15. 6	1. 6
14. 6	Vitis vinif.	e. B.	—	—	25. 6	11. 6	—	—	—	1. 6
14. 6	Tritic. vulg. hib.	e. B.	—	—	—	18. 6	—	—	—	4. 6
19. 6	Ligustrum vulg.	e. B.	—	—	—	—	—	—	5. 7	—
20. 6	Ribes rub.	e. F.	10. 7	—	25. 6	12. 6	—	2. 7	—	—
22. 6	Tilia grand.	e. B.	—	10. 7	26. 6	14. 6	—	8. 7	28. 6	—
28. 6	Tilia parv.	e. B.	—	—	1. 7	28. 6	—	18. 7	28. 6	—
29. 6	Avena sat.	e. B.	12. 7	1. 8	1. 7	4. 7	—	—	—	—
3. 7	Rubus id.	e. F.	—	28. 7	10. 7	26. 6	25. 7	18. 7	14. 7	—
6. 7	Prunus pad.	e. F.	—	—	10. 7	4. 7	30. 7	20. 7	3. 7	—
19. 7	Secale cer. hib.	Anf. d. E.	—	—	16. 7	14. 7	—	2. 8	20. 8	14. 7
31. 7	Sorbus aucup.	e. F.	—	10. 8	22. 7	21. 8	8. 9	18. 8	—	—
2. 8	Sambucus nig.	e. F.	—	10. 9	12. 7	1. 8	10. 9	12. 9	—	—
4. 8	Tritic. vulg. hib.	Anf. d. E.	—	—	—	21. 7	—	—	—	23. 7
9. 8	Avena sat.	Anf. d. E.	10. 9	1. 10	16. 7	21. 7	—	8. 8	—	25. 7
10. 9	Ligustrum vulg.	e. F.	—	—	—	—	—	—	—	—
17. 9	Aesculus hipp.	e. F.	18. 9	—	15. 9	25. 8	—	30. 9	—	—
20. 9	Quercus ped.	e. F.	—	—	20. 9	3. 9	—	—	—	—
—	Quercus sess.	e. F.	—	—	—	20. 9	—	—	—	—
28. 9	Sorbus aucup.	a. L. V.	12. 9	—	12. 9	2. 9	22. 9	20. 9	—	—
10. 10	Aesculus hipp.	a. L. V.	26. 9	18. 9	15. 10	1. 9	25. 9	20. 10	—	—
13. 10	Betula alba.	a. L. V.	5. 9	20. 9	20. 10	23. 9	—	15. 10	—	—
—	Betula pub.	a. L. V.	—	—	—	—	—	15. 10	—	—
14. 10	Fagus sylv.	a. L. V.	18. 9	18. 9	20. 10	24. 9	2. 10	22. 10	—	—
19. 10	Quercus ped.	a. L. V.	25. 9	—	26. 10	4. 10	—	—	—	—
—	Quercus sess.	a. L. V.	25. 9	—	—	8. 10	—	—	—	—
21. 10	Larix europ.	a. L. V.	—	16. 9	20. 10	28. 9	—	20. 10	—	—
	Durchschnittliche	Frühjahr	— 18	— 19	— 8	— 2	— 18	— 16	— 8	+ 3
	Eintrittszeit der	Sommer	—	—	— 1	+ 1	—	— 18	— 36	+ 1
	Phänomene für	Herbst	+ 32	+ 27	— 5	+ 20	+ 11	— 4	—	—

Pflanzen.

mittl. Eintritt der Entwickl.-Phasen für Giessen.	Der Pflanzen		Eintritt der Entwickl.-Phasen im Jahre 1890 an den Stationen:							
	Namen.	Art der Entwickl.-Phase.	Villingen B.	Wahlen i. Ober-hessen H.	Wahlen i. Oden-wald H.	Waldkirch B.	Wald-Michel-bach H.	Walscheid E.	Wardböhmen P.	Weimar Th.
11. 2	Coryl. avell.	e. B.	27. 3	26. 1	20. 3	16. 3	24. 2	14. 3	—	28. 1
15. 3	Alnus glut.	e. B.	27. 3	23. 3	27. 3	—	28. 3	16. 3	15. 3	9. 3
6. 4	Larix europ.	e. B.	28. 4	25. 4	13. 4	—	5. 4	14. 3	—	20. 4
10. 4	Aesculus hipp.	B. O. s.	5. 5	17. 4	27. 4	5. 4	8. 4	—	24. 4	26. 4
12. 4	Ribes gross.	e. B.	5. 5	18. 4	26. 4	31. 3	13. 4	9. 4	12. 4	23. 4
13. 4	Acer plat.	e. B.	7. 5	17. 4	—	—	—	—	—	23. 4
14. 4	Ribes rub.	e. B.	7. 5	21. 4	27. 4	16. 4	15. 4	17. 4	16. 4	23. 4
14. 4	Tilia grand.	B. O. s.	10. 5	1. 5	30. 4	—	—	—	25. 4	26. 4
17. 4	Larix europ.	B. O. s.	5. 5	16. 4	17. 4	—	7. 4	24. 3	19. 4	20. 4
17. 4	Betula alba.	e. B.	7. 5	29. 4	25. 4	—	22. 4	34. 4	25. 4	23. 4
18. 4	Prunus avium.	e. B.	7. 5	25. 4	27. 4	8. 4	21. 4	15. 4	—	27. 4
18. 4	Betula alba.	B. O. s.	7. 5	23. 4	28. 4	—	21. 4	13. 4	27. 4	18. 4
19. 4	Prunus spin.	e. B.	10. 5	27. 4	—	11. 4	21. 4	13. 4	—	20. 4
19-21.4	Carpinus bet.	B.O. s-e. B.	—	22. 4	30. 4	—	—	8. 5	19. 4	20. 4
20. 4	Aescul. hipp.	a. Bel.	14. 5	4. 5	30. 4	19. 4	16. 4	—	3. 5	6. 5
—	Betula pub.	B. O. s.	—	24. 4	—	—	—	—	—	20. 4
—	Betula pub.	e. B.	—	29. 4	—	—	—	—	—	23. 4
21. 4	Fraxinus exc.	e. B.	15. 5	—	—	—	—	—	1. 5	23. 4
23. 4	Prunus pad.	e. B.	12. 5	5. 5	1. 5	—	—	—	—	20. 4
23. 4	Pyrus comm.	e. B.	12. 5	4. 5	1. 5	17. 4	26. 4	15. 4	1. 5	3. 5
24. 4	Fagus sylv.	B. O. s.	12. 5	21. 4	29. 4	17. 4	24. 4	16. 4	26. 4	25. 4
28. 4	Pyrus mal.	e. B.	19. 5	8. 5	9. 5	3. 5	1. 5	1. 5	7. 5	30. 4
1. 5	Vitis vinif.	B. O. s.	—	—	—	—	7. 5	8. 5	—	7. 5
1. 5	Quercus ped.	B. O. s.	15. 5	4. 5	8. 5	—	2. 5	4. 5	5. 5	7. 5
—	Quercus sess.	B. O. s.	15. 5	4. 5	9. 5	—	2. 5	4. 5	—	7. 5
2. 5	Acer pseud.	e. B.	18. 5	2. 5	—	—	—	6. 5	—	5. 5
3. 5	Fagus sylv.	Bu. gr.	19. 5	4. 5	9. 5	8. 5	29. 4	2. 5	5. 5	10. 5
3. 5	Abies pect.	B. O. s.	20 5	—	15. 5	—	—	10. 5	15. 5	12. 5
4. 5	Syringa vulg.	e. B.	19. 5	14. 5	—	5. 5	9. 5	8. 5	11. 5	10. 5
5. 5	Abies exc.	B. O. s.	19. 5	17. 5	10. 5	6. 5	3. 5	9. 5	15. 5	14. 5
—	Quercus ped.	Beg.d Sch.	—	—	9. 5	—	7. 5	—	—	—
—	Quercus sess.	Beg.d.Sch.	—	—	9. 5	—	7. 5	—	—	—
6. 5	Aesculus hipp.	e. B.	20. 5	15. 5	15. 5	6. 5	12. 5	—	11. 5	3. 5
9. 5	Crataegus ox.	e. B.	20. 5	21. 5	—	—	15. 5	15. 5	—	8. 5
12. 5	Quercus ped.	e. B.	20. 5	—	16. 5	—	11. 5	—	10. 5	10. 5
—	Quercus sess.	e. B.	20. 5	—	17. 5	—	11. 5	—	—	10. 5
12. 5	Spartium scop.	e. B.	20. 5	—	16. 5	9. 5	- -	13. 5	14. 5	—
14. 5	Quercus ped.	Ei. gr.	—	4. 5	17. 5	—	—	14. 5	14. 5	15. 5

Pflanzen.

mittl. Eintritt der Entwickl.-Phasen für Giessen.	Namen.	Art der Entwickl.-Phase.	Villingen B.	Wahlen i. Oberhessen H.	Wahlen i. Odenwald H.	Waldkirch B.	Wald-Michelbach H.	Walscheid E.	Wardböhmen P.	Weimar Th.
—	Quercus sess.	Ei. gr.	—	4. 5	17. 5	—	—	14. 5	—	15. 5
15. 5	Cytisus lab.	e. B.	20. 5	23. 5	—	—	—	13. 5	15. 5	15. 5
16. 5	Sorbus aucup.	e. B.	26. 5	16. 5	18. 5	—	—	17. 5	16. 5	13. 5
17. 5	Pinus sylv.	e. B.	26. 5	25. 5	18. 5	—	21. 5	20. 5	19. 5	15. 5
28. 5	Sambucus nig.	e. B.	15. 6	5. 6	7. 6	30. 5	—	—	5. 6	28. 5
28. 5	Secale cer. hib.	e. B.	15. 6	31. 5	3. 6	28. 5	—	22. 5	25. 5	27. 5
31. 5	Pinus sylv.	B. O. s.	20. 5	22. 5	18. 5	—	18. 5	11. 5	16. 5	14. 5
31. 5	Rubus id.	e. B.	—	8. 6	5. 6	26. 5	—	5. 6	3. 6	3. 6
2. 6	Robinia pseud.	e. B.	15. 6	10. 6	—	10. 6	—	—	7. 6	27. 5
14. 6	Vitis vinif.	e. B.	—	—	20. 6	—	—	18. 6	—	16. 6
14. 6	Tritic. vulg. hib.	e. B.	27. 6	26. 6	—	15. 6	—	—	24. 6	20. 6
19. 6	Ligustrum vulg.	e. B.	10. 7	—	—	—	—	—	—	24. 6
20. 6	Ribes rub.	e. F.	1. 7	1. 7	26. 6	22. 6	—	10. 7	7. 7	20. 6
22. 6	Tilia grand.	e. B.	10. 7	6. 7	23. 6	—	—	11. 6	—	20. 6
28. 6	Tilia parv.	e. B.	10. 7	9. 7	28. 6	23. 6	—	—	10. 7	28. 6
29. 6	Avena sat.	e. B.	18. 7	4. 7	7. 7	—	—	12. 7	10. 7	6. 7
3. 7	Rubus id.	e. F.	1. 8	14. 7	14. 7	1. 7	—	8. 7	15. 7	30. 6
6. 7	Prunus pad.	e. F.	18. 7	12. 7	14. 7	2. 7	—	—	—	30. 6
19. 7	Secale cer. hib.	Anf. d. E.	15. 8	26. 7	4. 8	16. 7	—	10. 8	26. 7	6. 8
31. 7	Sorbus aucup.	e. F.	20. 8	4. 8	13. 8	—	—	8. 8	30. 7	2. 8
2. 8	Sambucus nig.	e. F.	25. 8	16. 8	21. 8	—	—	—	25. 8	18. 8
4. 8	Tritic. vulg. hib.	Anf. d. E.	18. 8	12. 8	—	4. 8	—	—	14. 8	19. 8
9. 8	Avena sat.	Anf. d. E.	4. 9	11. 8	18. 8	5. 8	—	30. 8	18. 8	25. 8
10. 9	Ligustrum vulg.	e. F.	15. 9	—	—	—	—	—	—	—
17. 9	Aesculus hipp.	e. F.	1. 10	12. 10	—	—	—	—	18. 9	26. 9
20. 9	Quercus ped.	e. F.	—	—	—	—	24. 9	25. 9	—	13. 10
—	Quercus sess.	e. F.	—	—	—	—	24. 9	23. 9	—	13. 10
28. 9	Sorbus aucup.	a. L. V.	1. 10	4. 9	14. 9	—	—	27. 9	20. 9	22. 9
10. 10	Aesculus hipp.	a. L. V.	5. 10	4. 10	3. 10	—	—	—	2. 10	10. 10
13. 10	Betula alba	a. L. V.	10. 10	1. 10	8. 10	—	11. 10	27. 10	3. 10	11. 10
—	Betula pub.	a. L. V.	—	1. 10	8. 10	—	—	—	—	11. 10
14. 10	Fagus sylv.	a. L. V.	10. 10	4. 10	8. 10	—	13. 10	22. 10	10. 10	11. 10
19. 10	Quercus ped.	a. L. V.	10. 10	7. 10	9. 10	—	14. 10	—	20. 10	17. 10
—	Quercus sess.	a. L. V.	10. 10	7. 10	9. 10	—	14. 10	28. 10	—	17. 10
21. 10	Larix europ.	a. L. V.	5. 10	2. 10	7. 10	—	—	—	3. 10	18. 10
	Durchschnittliche	Frühjahr	— 22	— 12	— 11	+ 1	— 5	— 2	— 9	— 7
	Eintrittszeit der	Sommer	— 31	— 11	— 20	— 1	—	— 26	— 11	— 22
	Phänomene für	Herbst	+ 7	+ 13	— 7	—	+ 2	— 10	+ 10	+ 2

Pflanzen.

| mittl. Eintritt der Entwickl.-Phasen für Giessen. | Der Pflanzen | | Eintritt der Entwickl.-Phasen im Jahre 1890 an den Stationen: | | | | | | | |
	Namen.	Art der Entwickl.-Phase.	Weinheim B.	Weissenau W.	Weissenburg Th.	Wembach H.	Wenings H.	Wildberg W.	Winnenden W.	Wolfgang b. H. P.
11. 2	Coryl. avell.	e. B.	15. 1	17. 3	16. 3	25. 2	—	16. 3	25. 1	29. 1
15. 3	Alnus glut.	e. B.	4. 3	47. 3	—	22. 3	—	20. 3	16. 3	—
6. 4	Larix europ.	e. B.	5. 4	8. 4	16. 4	—	—	—	6. 4	3. 4
10. 4	Aesculus hipp.	B. O. s.	10. 4	7.-13.4	9. 4	12. 4	—	—	9 4	4. 4
12. 4	Ribes gross.	e. B.	6. 4	17.-20.4	18. 4	14. 4	—	16. 4	12. 4	3. 4
13. 4	Acer plat.	e. B.	8. 4	—	—	—	—	—	—	14. 4
14. 4	Ribes rub.	e. B.	8. 4	20.-25.4	19. 4	15. 4	—	19. 4	15. 4	20. 4
14. 4	Tilia grand.	B. O. s.	13. 4	18.-20.4	28. 4	20. 4	—	10. 5	23. 4	15. 4
17. 4	Larix europ.	B. O. s.	7. 4	29.3-6.4	—	12. 4	10. 4	24. 4	8. 4	5. 4
17. 4	Betula alba.	e. B.	8. 4	15.-20.4	—	20. 4	—	21. 4	15. 4	6. 4
18. 4	Prunus avium.	e. B.	10. 4	17. 4	19. 4	18. 4	25. 4	21. 4	11. 4	13. 4
18. 4	Betula alba.	B. O. s.	10. 4	16.-20.4	22. 4	22. 4	—	27. 4	15. 4	10. 4
19. 4	Prunus spin.	e. B.	8. 4	21. 4	21. 4	16. 4	28. 4	18. 4	15. 4	17. 4
19-21.4	Carpinus bet.	B. O. s-e.B.	12. 4	17.-23.4	1. 5	20. 4	14. 4	6. 5	17. 4	14. 4
20. 4	Aescul. hipp.	a. Bel.	13. 4	20. 4	23. 4	16. 4	—	25. 4	18. 4	15. 4
—	Betula pub.	B. O. s.	8. 4	—	17. 4	—	—	—	—	—
—	Betula pub.	e. B.	8. 4	—	—	—	—	24. 4	—	—
21. 4	Fraxinus exc.	e. B.	14. 4	20.4-8.5	30. 4	25. 4	—	—	22. 4	3. 4
23. 4	Prunus pad.	e. B.	14. 4	14. 4	5. 5	—	—	28. 4	18. 4	29. 4
23. 4	Pyrus comm.	e. B.	16. 4	1. 5	22. 4	26. 4	3. 5	24. 4	19. 4	20. 4
24. 4	Fagus sylv.	B. O. s.	20. 4	18.-20.4	19. 4	23. 4	18. 5	2. 5	21. 4	8. 4
28. 4	Pyrus mal.	e. B.	24. 4	4. 5	2. 5	4. 5	6. 5	8. 5	28. 4	10. 4
1. 5	Vitis vinif.	B. O. s.	24. 4	3.- 6.5	5. 5	5. 5	—	8. 5	8. 5	12. 4
1. 5	Quercus ped.	B. O. s.	1. 5	30. 4	6. 5	2. 5	3. 5	6. 5	28. 4	21. 4
—	Quercus sess.	B. O. s.	1. 5	29. 4	2. 5	2. 5	—	8. 5	28. 4	21. 4
2. 5	Acer. pseud.	e. B.	1. 5	28. 4	6. 5	3. 5	—	5. 5	1. 5	—
3. 5	Fagus sylv.	Bu. gr.	2. 5	1.-5.5	10. 5	5. 5	28. 4	8. 5	5. 5	26. 4
3. 5	Abies pect.	B. O. s.	3. 5	11. 5	16. 5	11. 5	—	—	6. 5	4. 5
4. 5	Syringa vulg.	e. B.	1. 5	8. 5	9. 5	—	—	12. 5	6. 5	7. 5
5. 5	Abies exc.	B. O. s.	2. 5	3.-9.5	18. 5	10. 5	—	—	7. 5	1. 5
—	Quercus ped.	Beg. d.Sch.	1. 5	4. 5	19. 5	6. 5	—	—	5. 5	—
—	Quercus sess.	Beg. d.Sch.	1. 5	4. 5	19. 5	6. 5	—	9. 5	5. 5	—
6. 5	Aesculus hipp.	e. B.	1. 5	10. 5	8 5	8. 5	—	15. 5	11. 5	4. 5
9. 5	Crataegus ox.	e. B.	3. 5	9.-15 5	16. 5	—	17. 5	17. 5	7. 5	5. 5
12. 5	Quercus ped.	e. B.	5. 5	10. 5	14. 5	—	—	15. 5	8. 5	4. 5
—	Quercus sess.	e. B.	5. 5	10. 5	6. 5	—	—	15. 5	8. 5	4. 5
12. 5	Spartium scop.	e. B.	4. 5	—	—	—	—	15. 5	12. 5	9. 5
14. 5	Quercus ped.	Ei. gr.	6. 5	10.-12.5	22. 5	17. 5	13. 5	16. 5	12. 5	13. 5

Pflanzen.

mittl. Eintritt der Entwickl.-Phasen für Giessen.	Der Pflanzen: Namen.	Art der Entwickl.-Phase.	Eintritt der Entwickl.-Phasen im Jahre 1890 an den Stationen:							
			Weinheim B.	Weissenau W.	Weissenburg Th.	Wembach H.	Wenings H.	Wildberg W.	Winnenden W.	Wolfgang b. H. P.
—	Quercus sess.	Ei. gr.	6. 5	10.-12. 5	—	17. 5	—	16. 5	12. 5	13. 5
15. 5	Cytisus lab.	e. B.	4. 5	—	27. 5	—	—	5. 6	12. 5	17. 5
16. 5	Sorbus aucup.	e. B.	7. 5	15. 5	21. 5	—	—	—	15. 5	16. 5
17. 5	Pinus sylv.	e. B.	7. 5	13. 5	—	17. 5	—	23. 5	16. 5	14. 5
28. 5	Sambucus nig.	e. B.	16. 5	2. 6	3. 6	1. 6	—	5. 6	26. 5	30. 5
28. 5	Secale cer. hib.	e. B.	18. 5	23. 5	25. 5	23. 5	26. 5	10. 6	25. 5	23. 5
31. 5	Pinus sylv.	B. O. s.	4. 5	—	30. 5	16. 5	—	16. 5	13. 5	5. 5
31. 5	Rubus id.	e. B.	24. 5	24. 5	5. 6	3. 6	—	10. 6	26. 5	22. 5
2. 6	Robinia pseud.	e. B.	24. 5	4. 6	17. 6	—	—	5. 6	27. 5	28. 5
14. 6	Vitis vinif.	e. B.	7. 6	15.-22. 6	16. 6	15. 6	—	20. 6	20. 6	10. 5
14. 6	Tritic. vulg. hib.	e. B.	8. 6	20. 6	16. 6	16. 6	20. 6	—	17. 6	9. 6
19. 6	Ligustrum vulg.	e. B.	14. 6	22. 6	—	—	—	9. 5	17. 6	10. 6
20. 6	Ribes rub.	e. F.	16. 6	21. 6	17. 6	21. 6	—	20. 6	25. 6	21. 6
22. 6	Tilia grand.	e. B.	15. 6	22. 6	23. 6	21. 6	—	1. 7	9, 7	10. 6
28. 6	Tilia parv.	e. B.	17. 6	28. 6	25. 6	—	—	18. 7	15. 7	28. 6
29. 6	Avena sat.	e. B.	20. 6	6. 7	26. 6	30. 6	—	10. 7	4. 7	28. 6
3. 7	Rubus id.	e. F.	26. 6	10. 7	6. 7	6. 7	—	9. 7	10. 7	24. 6
6. 7	Prunus pad.	e. F.	26. 6	8. 7	10. 7	—	—	6. 7	9. 7	1. 7
19. 7	Secale cer. hib.	Anf. d. E.	22. 7	18. 7	23. 7	19. 7	26. 7	2. 8	28. 7	10, 7
31. 7	Sorbus aucup.	e. F.	24. 7	4. 8	27. 7	—	—	12. 8	3. 8	16. 7
2. 8	Sambucus nig.	e. F.	6. 8	15. 8	9. 8	—	—	18. 8	7. 9	12. 8
4. 8	Tritic. vulg. hib.	Anf. d. E.	1. 8	6. 8	2. 8	1. 8	11. 8	—	11. 8	—
9. 8	Avena sat.	Anf. d. E.	15. 8	8. 8	14. 8	8. 8	11. 8	—	20. 8	7. 8
10. 9	Ligustrum vulg.	e. F.	2. 9	—	—	—	—	—	15. 9	—
17. 9	Aesculus hipp.	e. F.	10. 9	18.-24. 9	14. 9	20. 9	—	24. 9	26. 9	20. 9
20. 9	Quercus ped.	e. F.	30. 9	24. 9	24. 9	—	—	—	29. 9	—
—	Quercus sess.	e. F.	30. 9	24. 9	24. 9	—	—	—	29. 9	—
28. 9	Sorbus aucup.	a. L. V.	4. 9	18.-20. 9	14. 9	10. 9	—	—	22. 9	—
10. 10	Aesculus hipp.	a. L. V.	5. 10	12.9-4.10	4. 10	5. 10	—	16. 10	20. 10	5. 10
13. 10	Betula alba.	a. L. V.	7. 10	10. 10	11. 10	6. 10	—	15. 10	15. 10	9. 10
—	Betula pub.	a. L. V.	7. 10	—	11. 10	—	—	15. 10	—	—
14. 10	Fagus sylv.	a. L. V.	15. 10	18. 10	13. 10	7. 10	24. 10	20. 10	15. 10	12. 10
19. 10	Quercus ped.	a. L. V.	18. 10	24. 10	16. 10	16. 10	10. 11	18. 10	17. 10	25. 10
—	Quercus sess.	a. L. V.	18. 10	24. 10	16. 10	16. 10	—	18. 10	17. 10	25. 10
21. 10	Larix europ.	a. L. V.	6. 10	7. 10	16. 10	12. 10	—	—	22. 10	8. 10
Durchschnittliche Eintrittszeit der Phänomene für	Frühjahr		+ 6	— 3	— 6	— 4	— 10	— 6	+ 1	+ 2
	Sommer		— 7	— 3	— 8	— 4	— 11	— 18	— 13	+ 5
	Herbst		+ 6	+ 3	+ 2	+ 7	— 11	— 3	— 2	+ 5

Pflanzen.

mittl. Eintritt der Entwickl.-Phasen für Giessen.	Der Pflanzen Namen.	Art der Entwickl.-Phase.	Eintritt der Entwickl.-Phasen im Jahre 1890 an den Stationen:						
			Woltersdorf b.L. P.	Wünnenberg P.	Wurzbach Th.	Zaiserweiher W.	Zerrin P.		
11. 2	Coryl. avell.	e. B.	27. 1	3. 2	22. 3	8. 2	17. 3		
15. 3	Alnus glut.	e. B.	13. 3	19. 3	22. 3	8. 3	20. 3		
6. 4	Larix europ.	e. B.	27. 3	18. 4	4. 4	10. 3	29. 3		
10. 4	Aesculus hipp.	B. O. s.	5. 4	18. 4	15. 5	16. 4	5. 4		
12. 4	Ribes gross.	e. B.	12. 4	16. 4	20. 4	16. 4	8. 4		
13. 4	Acer plat.	e. B.	—	18. 4	—	16. 4	12. 4		
14. 4	Ribes rub.	e. B.	18. 4	25. 4	26. 4	23. 4	18. 4		
14. 4	Tilia grand.	B. O. s.	17. 4	—	—	—	18. 4		
17. 4	Larix europ.	B. O. s.	4. 4	20. 4	—	15. 3	5. 4		
17. 4	Betula alba.	e. B.	12. 4	22. 4	1. 5	10. 4	14. 4		
18. 4	Prunus avium.	e. B.	18. 4	4. 5	—	12. 4	26. 4		
18. 4	Betula alba.	B. O. s.	12. 4	25. 4	8. 5	12. 4	24. 4		
19. 4	Prunus spin.	e. B.	20. 4	23. 4	10. 5	12. 4	30. 4		
19-21.4	Carpinus bet.	B.O. s-e.B.	17. 4	3. 5	—	20. 4	2. 5		
20. 4	Aesculus hipp.	a. Bel.	17. 4	—	—	20. 4	21. 4		
—	Betula pub.	B. O. s.	—	—	—	—	28. 4		
—	Betula pub.	e. B.	—	—	—	—	26. 4		
21. 4	Fraxinus exc.	e. B.	—	21. 4	10. 6	23. 4	27. 4		
23. 4	Prunus pad.	e. B.	23. 4	—	—	—	30. 4		
23. 4	Pyrus comm.	e. B.	21. 4	—	—	26. 4	29. 4		
24. 4	Fagus sylv.	B. O. s.	25. 4	20. 4	18. 5	28. 4	30. 4		
28. 4	Pyrus mal.	e. B.	28. 4	12. 5	—	28. 4	1. 5		
1. 5	Vitis vinif.	B. O. s.	30. 4	12. 5	—	30. 4	2. 5		
1. 5	Quercus ped.	B. O. s.	27. 4	6. 5	2. 6	4. 5	2. 5		
—	Quercus sess.	B. O. s.	27. 4	—	—	4. 5	2. 5		
2. 5	Acer pseud.	e. B.	—	14. 5	29. 4	4. 5	2. 5		
3. 5	Fagus sylv.	Bu. gr.	—	6. 5	25. 5	9. 5	5. 5		
3. 5	Abies pect.	B. O. s.	—	10. 5	15. 5	9. 5	23. 5		
4. 5	Syringa vulg.	e. B.	7. 5	13. 5	—	8. 5	5. 5		
5. 5	Abies exc.	B. O. s.	8. 5	10. 5	—	9. 5	3. 5		
—	Quercus ped.	Beg. d.Sch.	—	—	—	9. 5	6. 5		
—	Quercus sess.	Beg. d.Sch.	—	—	—	9. 5	6. 5		
6. 5	Aesculus hipp.	e. B.	8. 5	14. 5	22. 5	9. 5	10. 5		
9. 5	Crataegus ox.	e. B.	10. 5	14. 5	20. 5	9. 5	20. 5		
12. 5	Quercus ped.	e. B.	4. 5	14. 5	—	14. 5	17. 5		
—	Quercus sess.	e. B.	4. 5	—	—	14. 5	17. 5		
12. 5	Spartium scop.	e. B.	—	—	—	16. 5	27. 5		
14. 5	Quercus ped.	Ei. gr.	11. 5	22. 5	10. 6	16. 5	22. 5		

Pflanzen.

mittl. Eintritt der Entwickl.-Phasen für Giessen.	Der Pflanzen — Namen.	Art der Entwickl.-Phase.	Woltersdorf b.L. P.	Wünnenberg P.	Wurzbach Th.	Zaisersweiher W.	Zerrin P.			
—	Quercus sess.	Ei. gr.	11. 5	—	—	16. 5	22. 5			
15. 5	Cytisus lab.	e. B.	11. 5	17. 5	—	—	25. 5			
16. 5	Sorbus aucup.	e. B.	10. 5	17. 5	—	16. 5	15. 5			
17. 5	Pinus sylv.	e. B.	12. 5	5. 6	—	16. 5	16. 5			
28. 5	Sambucus nig.	e. B.	26. 5	15. 6	—	30. 5	15. 6			
28. 5	Secale cer. hib.	e. B.	19. 5	4. 6	—	30. 5	4. 6			
31. 5	Pinus sylv.	B. O. s.	18. 5	3. 6	20. 5	14. 5	24. 5			
31. 5	Rubus id.	e. B.	25. 5	9. 6	—	3. 6	5. 6			
2. 6	Robinia pseud.	e. B.	25. 5	—	—	3. 6	8. 6			
14. 6	Vitis vinif.	e. B.	14. 6	8 7	—	16. 6	19. 6			
14. 6	Tritic. vulg.hib.	e. B.	9. 6	1. 7	—	16. 6	12. 6			
19. 6	Ligustrum vulg.	e. B.	12. 6	—	—	24. 6	28. 6			
20. 6	Ribes rub.	e. F.	14. 6	8. 7	—	24. 6	30. 6			
22. 6	Tilia grand.	e. B.	17. 6	11. 7	—	—	28. 6			
28. 6	Tilia parv.	e. B.	28. 6	22. 7	—	26. 6	28. 6			
29. 6	Avena sat.	e. B.	30. 6	20. 7	—	4. 7	2. 7			
3. 7	Rubus id.	e. F.	27. 6	14. 7	12. 7	6. 7	14. 7			
6. 7	Prunus pad.	e. F.	30. 6	—	—	—	10. 7			
19. 7	Secale cer. hib.	Anf. d. E.	7. 7	30. 7	18. 8	25. 7	20. 7			
31. 7	Sorbus aucup.	e. F.	24. 7	16. 8	12. 8	30. 7	28. 7			
2. 8	Sambucus nig.	e. F.	31. 7	—	—	17 8	14. 8			
4. 8	Tritic. vulg.hib.	Anf. d. E.	29. 7	15. 8	—	12. 8	5. 8			
9. 8	Avena sat.	Anf. d. E.	31. 7	27. 8	4. 9	19. 8	20. 8			
10. 9	Ligustrum vulg.	e. F.	—	—	—	12. 9	22. 9			
17. 9	Aesculus hipp.	e. F.	13. 9	—	12. 10	24. 9	30. 9			
20. 9	Quercus ped.	e. F.	22. 9	—	—	24. 9	26. 9			
—	Quercus sess.	e. F.	22. 9	—	—	24. 9	1. 10			
28. 9	Sorbus aucup.	a. L. V.	19. 9	28. 9	—	20. 9	27. 9			
10. 10	Aesculus hipp.	a. L. V.	7. 10	—	18. 10	12. 10	10. 10			
13. 10	Betula alba.	a. L. V.	13. 10	15. 10	—	12. 10	15. 10			
—	Betula pub.	a. L. V.	—	—	—	—	25. 10			
14. 10	Fagus sylv.	a. L. V.	—	5. 10	16. 10	12. 10	15. 10			
19. 10	Quercus ped.	a. L. V.	23. 10	10. 10	3. 11	20. 10	20. 10			
—	Quercus sess.	a. L. V.	23. 10	—	—	20. 10	20. 10			
21. 10	Larix europ.	a. L. V.	20. 10	23. 10	—	12. 10	15. 10			
	Durchschnittliche Eintrittszeit der Phänomene für — Frühjahr		— 2	— 12	— 20	— 1	— 7			
	Sommer		+ 8	— 15	— 34	— 10	— 5			
	Herbst		0	+ 1	— 3	+ 3	0			

III. Beobachtungen an Vögeln und Insekten.

Verzeichniss der Abkürzungen:

E. G.	=	Erster Gesang.
Ank.	=	Ankunft.
E. R.	=	Erster Ruf.
Wegz.	=	Wegzug.
Auskr. d. R.	=	Auskriechen der Raupe.
Verp.	=	Verpuppung.
Flugz.	=	Flugzeit.

Vögel.

Mittlerer Eintritt der Beobachtung für Giessen.	Namen.	Zu beobachten.	Ahrweiler P.	Allrode Br.	Alsfeld H.	Altenau P.	Altensteig W.	Alt-Hammer P.	Altmorschen P.	Alzey H.
—	Fringilla coel.	E. G.	—	14. 3	3. 3	5. 3	22. 2	17. 3	13. 3	25. 2
18. 2	Turdus mer.	E. G.	22. 3	13. 3	12. 3	—	17. 3	14. 3	12. 3	18. 2
21. 2	Alauda arv.	E. G.	—	9. 3	27. 2	1. 4	20. 2	8. 3	26. 4	12. 3
bl. hier	Sturnus vulg.	Ank.	—	—	1. 3	5. 4	16. 2	10. 3	26. 4	—
—	Milvus reg.	Ank.	—	25. 3	13. 3	1. 3	10. 3	—	9. 3	—
1. 3	Motacilla alba	Ank.	10. 3	10. 3	19. 3	5. 3	12. 3	16. 3	1. 4	11. 3
7. 3	Ciconia alba	Ank.	—	—	—	—	—	30. 3	3. 4	—
15. 3	Scolopax rust.	Ank.	15. 3	26. 3	12. 3	—	15. 3	18. 3–25. 10	18. 3	9. 3
24. 3	Ruticilla tith.	Ank.	—	31. 3	2. 4	10. 4	17. 3	20. 3	—	20. 3
17. 4	Hirundo rust.	Ank.	—	18. 4	17. 4	1. 5	3. 4	—	4. 4	3. 4
21. 4	Cuculus can.	E. R.	14. 4	28. 4	17. 4	15. 5	16. 4	16. 4	16. 4	14. 4
27. 4	Sylvia lusc.	E. G.	18. 4	—	—	—	—	30. 4	4. 5	16. 4
27. 4	Cypselus apus	Ank.	24. 4	13. 5	29. 4	1. 5	10. 5	7. 4	4. 5	26. 4
13. 5	Oriolus galb.	E. R.	6. 5	—	—	—	—	1. 5	—	5. 5
—	Columba turt.	E. R.	7. 5	8. 5	2. 5	21. 3	19. 5	18. 4	5. 5	3. 5
31. 7	Cypselus apus	Wegz.	—	20. 7	—	10. 8	26. 8	6. 9	1. 8	3. 8
—	Ciconia alba	Wegz.	—	—	—	—	—	26. 8	—	—
bl. hier	Sturnus vulg.	Wegz.	—	15. 10	17. 10	30. 8	1. 11	26. 9	—	—
26. 9	Hirundo rust.	Wegz.	—	25. 9	17. 10	1. 9	—	—	—	28. 9
—	Milvus reg.	Wegz.	16. 10	—	9. 10	—	15. 10	—	—	—

Insekten.

Mittlerer Eintritt der Beobachtung für Giessen.	Namen.	Zu beobachten.	Ahrweiler P.	Allrode Br.	Alsfeld H.	Altenau P.	Altensteig W.	Alt-Hammer P.	Altmorschen P.	Alzey H.
August	Gastr. pini	Auskr. d. R.	—	—	—	—	—	—	—	—
Ende Juni	„	Verp.	—	—	—	—	—	—	—	—
Juli	„	Flugz.	—	—	—	—	—	—	—	—
April	Liparis mon.	Auskr. d. R.	—	—	—	—	—	—	—	—
Juni	„	Verp.	—	—	—	—	—	—	—	—
Juli-Aug.	„	Flugz.	—	Aug.	—	—	—	—	—	—
Juli	Dasychira pud.	Auskr. d. R.	—	—	—	—	—	—	—	—
Oktober	„	Verp.	—	—	—	—	—	—	—	—
Mai-Juni	„	Flugz.	—	—	—	—	—	—	—	—
Mai	Cnethocampa pr.	Auskr. d. R.	—	—	—	—	—	—	—	—
Juni	„	Verp.	—	—	—	—	—	—	—	—
August	„	Flugz.	—	—	—	—	—	—	—	—
Mai-Juni	Pissodes not.	Flugz.	—	—	—	—	—	Mai-Juni	—	—
April-Mai	Melolontha vulg.	Flugz.	—	Ende Mai	—	—	—	Mai	—	—
April-Juni	Hylobius abietis	Flugz.	—	Mai-August	—	—	20. 4	Apr-Juni	—	—
April-Juni	Bostrychus typ.	Flugz.	—	Mai	—	—	—	Mai-Juni	—	—
März-Mai	Hylesinus pinip.	Flugz.	—	—	—	—	—	Apr-Mai	Mai	—

Vögel.

Mittlerer Eintritt der Beobachtung für Giessen.	Namen.	Zu beobachten.	Annarode P.	Arnstadt Th.	Aurich P.	Baden-Baden B.	Banzenheim E.	Bebra Th.	Beerfelden H.	Beurig P.
			Datum der Beobachtung im Jahre 1890 an den Stationen:							
—	Fringilla coel.	E. G.	12. 3	27. 2	2. 3	18. 2	15. 3	—	—	10. 3
18. 2	Turdus mer.	E. G.	25. 3	2. 3	3. 4	28. 2	13. 3	15. 4	—	15. 3
21. 2	Alauda arv.	E. G.	8. 3	6. 3	7. 3	8. 3	9. 3	8. 3	—	17. 2
bl. hier	Sturnus vulg.	Ank.	10. 3	27. 2	12. 2	20. 2	5. 2	10. 3	—	bl. hier
—	Milvus reg.	Ank.	—	16. 3	—	7. 3	12. 3	15. 3	—	15. 3
1. 3	Motacilla alba	Ank.	13. 3	24. 3	7. 3	14. 3	23. 2	10. 3	—	12. 3
7. 3	Ciconia alba	Ank.	—	24. 3	16. 3	20. 3	—	—	—	—
15. 3	Scolopax rust.	Ank.	18. 3	16. 3 - 9. 4	12. 3 - 2. 10	16. 3	10. 3	24. 3	6. 3	20. 3
24. 3	Ruticilla tith.	Ank.	27. 3	26. 3	28. 3	18. 3	27. 3	16. 4	—	15. 3
17. 4	Hirundo rust.	Ank.	15. 4	15. 4	12. 4	15. 4	4. 4	18. 4	—	14. 4
21. 4	Cuculus can.	E. R.	18, 4	18. 4	4. 5	5. 4	3. 4	28. 4	11. 4	14. 4
27. 4	Sylvia lusc.	E. G.	29. 4	27. 4	2. 5	—	17. 4	—	—	12. 4
27. 4	Cypselus apus	Ank.	—	2. 5	—	23. 4	—	—	—	22. 4
13. 5	Oriolus galb.	E. R.	1. 5	15. 5	6. 5	4. 5	30. 4	9. 5	—	14. 5
—	Columba turt.	E. R.	29. 4	—	3. 5	19. 4	6. 5	—	—	10. 5
31. 7	Cypselus apus	Wegz.	—	4. 8	—	24. 9	—	—	14. 8	4. 8
—	Ciconia alba	Wegz.	—	21. 8	4. 8	6. 9	—	—	—	—
bl. hier	Sturnus vulg.	Wegz.	—	24. 9	14. 10	14. 9	20. 10	—	—	bl. hier
26. 9	Hirundo rust.	Wegz.	2. 10	26. 9	21. 9	29. 9	20. 9	—	14. 9	28. 9
—	Milvus reg.	Wegz.	—	22. 9	—	8. 10	10. 11	—	—	—

Insekten.

	Namen	Zu beobachten	Annarode P.	Arnstadt Th.	Aurich P.	Baden-Baden B.	Banzenheim E.	Bebra Th.	Beerfelden H.	Beurig P.
August	Gastr. pini	Auskr.d.R	—	—	—	—	—	—	—	—
Ende Jun	„	Verp.	—	—	—	—	—	—	—	—
Juli	„	Flugz.	—	—	—	—	—	—	—	—
April	Liparis mon.	Auskr.d.R.	—	—	—	—	—	—	—	—
Juni	„	Verp.		—	—	—	—	—	—	—
Juli-Aug.	„	Flugz.	—	—	—	—	—	—	—	—
Juli	Dasychira pud.	Auskr.d.R.	—	—	—	—	—	—	—	—
Oktober	„	Verp.	—	—	—	—	—	—	—	—
Mai-Juni	„	Flugz.	—	—	—	—	—	—	—	—
Mai	Cnethocampa pr.	Auskr.d.R.	—	—	—	—	—	—	—	—
Juni	„	Verp.	—	—	—	—	—	—	—	—
August	„	Flugz.	—	—	—	—	—	—	—	—
Mai-Juni	Pissodes not.	Flugz.	—	—	—	—	—	—	—	—
April-Mai	Melolontha vulg.	Flugz.	Mai	4.5 -21.5	18. 5	3. 4	15 5- 20. 6	—	—	5. 5
April-Juni	Hylobius abietis	Flugz.	—	16.4-8.6	—	—	Afg. Juni	—	—	—
April-Juni	Bostrychus typ.	Flugz.	—	—	—	—	—	—	—	—
März-Mai	Hylesinus pinip.	Flugz.	—	2.4-12.5	—	—	—	—	—	—

Vögel.

Mittlerer Eintritt der Beobachtung für Giessen.	Namen.	Zu beobachten.	Datum der Beobachtung im Jahre 1890 an den Stationen:							
			Biedenkopf P.	Bietigheim W.	Bingenheim H.	St. Blasien B.	Blaubeuren W.	Bliedungen I P.	Blofeld H.	Bonndorf B.
—	Fringilla coel.	E. G.	13. 3	10. 3	—	14. 2	16. 3	9. 3	—	—
18. 2	Turdus mer.	E. G.	—	19. 3	23. 3	—	—	10. 3	19. 2	21. 4
21. 2	Alauda arv.	E. G.	—	21. 3	25. 2	—	10. 3	9. 3	22. 2	13. 3
bl. hier	Sturnus vulg.	Ank.	—	15. 2	28. 2	18. 2	10. 3	8. 3	20. 1	9. 3
—	Milvus reg.	Ank.	12. 3	—	15. 3	—	—	6. 3	3. 3	9. 4
1. 3	Motacilla alba	Ank.	13. 3	9. 3	18. 3	12. 3	20. 3	14. 3	2. 4	10. 3
7. 3	Ciconia alba	Ank.	—	19. 3	21. 3	—	—	—	15. 3	—
15. 3	Scolopax rust.	Ank.	14. 3	15. 3	—	—	24. 3	—	28. 3	19. 4
24. 3	Ruticilla tith.	Ank.	25. 3	25. 3	27. 3	29. 3	—	20. 3	22. 4	6. 4
17. 4	Hirundo rust.	Ank.	19. 4	2. 4	3. 4	22. 4	18. 4	18. 4	30. 4	1. 5
21. 4	Cuculus can.	E. R.	15. 4	5. 4	17. 4	22. 4	15. 4	27. 4	1. 5	12. 5
27. 4	Sylvia lusc.	E. G.	—	—	—	—	—	3. 5	—	—
27. 4	Cypselus apus	Ank.	2. 5	3. 5	29. 4	28. 4	—	—	3. 5	—
13. 5	Oriolus galb.	E. R.	—	6. 5	—	—	20. 4	9. 5	26. 4	—
—	Columba turt.	E. R.	11. 5	26. 4	6. 5	—	—	10. 5	6. 5	—
31. 7	Cypselus apus	Wegz.	—	3. 8 u. 24. 9	10. 9	—	—	—	23. 8	—
—	Ciconia alba	Wegz.	—	28. 8	22. 8	—	—	—	1. 8	—
bl. hier	Sturnus vulg.	Wegz.	—	13. 10	26. 9	—	—	—	1. 9	1. 10
26. 9	Hirundo rust.	Wegz.	28. 9	26. 8	28. 9	—	—	—	14. 9	10. 11
—	Milvus reg.	Wegz.	—	—	—	—	—	—	24. 10	—

Insekten.

Mittlerer Eintritt der Beobachtung für Giessen.	Namen.	Zu beobachten.	Biedenkopf P.	Bietigheim W.	Bingenheim H.	St. Blasien B.	Blaubeuren W.	Bliedungen I P.	Blofeld H.	Bonndorf B.
August	Gastr. pini	Auskr. d.R.	—	—	—	—	—	—	—	—
Ende Juni	„	Verp.	—	—	—	—	—	—	—	—
Juli	„	Flugz.	—	—	—	—	—	—	—	—
April	Liparis mon.	Auskr. d.R.	—	—	—	—	1. 5	—	—	—
Juni	„	Verp.	—	—	—	—	10. 7	—	—	—
Juli - Aug.	„	Flugz.	—	—	—	—	19. 6 - 12. 8	—	—	—
Juli	Dasychira pud.	Auskr. d.R.	—	—	—	—	—	—	—	—
Oktober	„	Verp.	—	—	—	—	—	—	—	—
Mai-Juni	„	Flugz.	—	—	—	—	—	—	—	—
Mai	Cnethocampa pr.	Auskr. d R	—	—	—	—	—	—	—	—
Juni	„	Verp.	—	—	—	—	—	—	—	—
August	„	Flugz.	—	—	—	—	—	—	—	—
Mai-Juni	Pissodes not.	Flugz.	—	—	—	—	—	—	—	—
April-Mai	Melolontha vulg.	Flugz.	(5. 5)	25. 3 - 2. 4	—	—	9. 5	—	9. 5	—
April - Juni	Hylobius abietis	Flugz.	—	23. 5	—	—	—	—	—	—
April - Juni	Bostrychus typ.	Flugz.	—	—	—	—	—	—	—	—
März - Mai	Hylesinus pinip.	Flugz.	—	—	—	—	—	—	—	—

Vögel.

Mittlerer Eintritt der Beobachtung für Giessen.	Namen	Zu beobachten.	Braetz P.	Braunlage Br.	Bremhof H.	Broedlanken P.	Büdingen H.	Cappe P.	Carlsberg P.	Clötze P.
—	Fringilla coel.	E. G.	16. 3	13. 3	3. 3	—	14. 2	11. 3	17. 3	26. 2
18. 2	Turdus mer.	E. G.	21. 4	15. 3	29. 1	18. 3	12. 3	24. 3	29. 3	12. 3
21. 2	Alauda arv.	E. G.	13. 3	—	4. 3	5. 3	10. 2	9. 3	14. 3	22. 2
bl. hier	Sturnus vulg.	Ank.	12. 3	8. 3	28. 2	11. 3	11. 2	7. 3	16. 3	18. 2
—	Milvus reg.	Ank.	20. 3	23. 3	—	—	—	9. 3	—	12. 3
1. 3	Motacilla alba	Ank.	16. 3	11. 3	15. 3	26. 3	—	15. 3	20. 3	13. 3
7. 3	Ciconia alba	Ank.	14. 4	—	—	24. 3	29. 2	29. 3	—	18. 4
15. 3	Scolopax rust.	Ank.	7. 4	—	18. 3- 14. 4	26. 3	2. 3- 23. 3	15. 3	20. 3, 7. 10	14. 3
24. 3	Ruticilla tith.	Ank.	17. 4	28. 3	18. 3	—	—	29. 3	21. 3	29. 3
17. 4	Hirundo rust.	Ank.	17. 4	2. 5	18. 4	16. 4	—	20. 4	19. 4	8. 4
21. 4	Cuculus can.	E. R.	20. 4	8. 5	15. 4	20. 4	23. 4	19. 4	25. 4	28, 4
27. 4	Sylvia lusc.	E. G.	4. 5	—	—	21. 4	—	3. 5	—	20. 4
27. 4	Cypselus apus	Ank.	17. 4	6. 5	—	4. 5	—	28. 4	9. 5	8. 4
13. 5	Oriolus galb.	E. R.	28. 4	—	8. 5	—	—	8. 5	—	22. 4
—	Columba turt.	E. R.	28. 4	—	27. 4	—	—	14. 5	—	25. 4
31. 7	Cypselus apus	Wegz.	5. 8	12. 8	—	—	—	5. 8	4. 8	12. 8
—	Ciconia alba	Wegz.	24. 8	—	—	28. 8	12. 8	28. 8	—	—
bl. hier	Sturnus vulg.	Wegz.	20. 10	—	15. 9	—	—	19. 10	16. 10	3. 10
26. 9	Hirundo rust.	Wegz.	21. 9	13. 9	3. 10	28. 9	—	9. 10	16. 10	20. 9
—	Milvus reg.	Wegz.	28. 9	—	—	—	—	5. 10	—	3. 10

Insekten.

Mittlerer Eintritt der Beobachtung für Giessen.	Namen	Zu beobachten.	Braetz P.	Braunlage Br.	Bremhof H.	Broedlanken P.	Büdingen H.	Cappe P.	Carlsberg P.	Clötze P.
August	Gastr. pini	Auskr.d.R	Aug.	—	—	—	—	—	—	—
Ende Juni	„	Verp.	Juni	—	—	—	—	—	—	—
Juli	„	Flugz.	Juli	—	—	—	—	—	—	—
April	Liparis mon.	Auskr.d.R.	—	—	—	—	—	—	—	—
Juni	„	Verp.	—	—	—	—	—	—	—	—
Juli-Aug.	„	Flugz.	—	—	—	—	—	—	—	—
Juli	Dasychira pud.	Auskr.d.R.	—	—	—	—	—	—	—	—
Oktober	„	Verp.	—	—	—	—	—	—	—	—
Mai-Juni	„	Flugz.	—	—	—	—	—	—	—	—
Mai	Cnethocampa pr.	Auskr.d.R	—	—	—	—	—	—	—	—
Juni	„	Verp.	—	—	—	—	—	—	—	—
August	„	Flugz.	—	—	—	—	—	—	—	—
Mai-Juni	Pissodes not.	Flugz.	—	—	—	—	—	—	Mai	—
April-Mai	Melolontha vulg.	Flugz.	—	—	—	2. 5	—	—	—	—
April-Juni	Hylobius abietis	Flugz.	April-Mai	Mai-Juli	—	—	—	—	April	—
April-Juni	Bostrychus typ.	Flugz.	—	Mai-Juli	—	3. 4	—	—	Mai	—
März-Mai	Hylesinus pinip.	Flugz.	März-Mai	—	—	—	—	—	—	—

Vögel.

Mittlerer Eintritt der Beobachtung für Giessen.	Namen.	Zu beobachten.	Crailsheim W.	Daumen E.	Diebolsheim E.	Dietenheim W.	Dietzhausen P.	Diez P.	Diugken P.	Dippmannsdorf P.
—	Fringilla coel.	E. G.	16. 3	26. 2	7. 3	11. 3	8. 3	7. 3	8. 4	15. 3
18. 2	Turdus mer.	E. G.	22. 3	26. 3	20. 3	17. 3	2. 4	11. 3	—	16. 3
21. 2	Alauda arv.	E. G.	21. 2	24. 2	26. 2	23. 2	10. 3	26. 2	13. 3	12. 3
bl. hier	Sturnus vulg.	Ank.	19. 2	20. 2	7. 3	23. 2	2. 3	20. 2	14. 3	13. 3
—	Milvus reg.	Ank.	—	—	28. 2	—	20. 3	10. 3	—	—
1. 3	Motacilla alba	Ank.	11. 3	17. 3	12. 3	—	25. 3	15. 3	22. 3	21. 3
7. 3	Ciconia alba	Ank.	27. 4	28. 3	31. 3	29. 3	—	—	3. 4	29. 3
15. 3	Scolopax rust.	Ank.	24. 3 - 30. 3	20. 3 - 2. 4	12. 3 - 30. 3	—	—	16. 3 - 31. 3	23. 3 - 9. 4	17. 3
24. 3	Ruticilla tith.	Ank.	—	28. 3	21. 3	11. 3	27. 3	25. 3	—	30. 3
17. 4	Hirundo rust.	Ank.	21. 4	12. 4	2. 4	21. 4	20. 4	24. 4	29. 4	5. 4
21. 4	Cuculus can.	E. R.	19. 4	6. 4	14. 4	—	21. 4	9. 4	26. 4	20. 4
27. 4	Sylvia lusc.	E. G.	—	—	19. 4	—	—	17. 4	—	20. 4
27. 4	Cypselus apus	Ank.	9. 5	24. 4	—	—	3. 5	3. 5	30. 4	13. 4
13. 5	Oriolus galb.	E. R.	—	26. 4	4. 5	—	—	7. 5	13. 5	1. 5
—	Columba turt.	E. R.	13. 4	2. 5	8. 5	—	—	2. 5	22. 4	26. 4
31. 7	Cypselus apus	Wegz.	1. 8	6. 8	—	—	15. 7	5. 9	9. 9	—
—	Ciconia alba	Wegz.	15. 8	—	24. 8	—	—	—	13. 9	—
bl. hier	Sturnus vulg.	Wegz.	15. 10	28. 8	16. 10	—	—	3. 10	—	—
26. 9	Hirundo rust.	Wegz.	15. 9	27. 9	12. 9	8. 9	13. 9	18. 10	18. 9	—
—	Milvus reg.	Wegz.	—	—	30. 9	—	—	24. 9	—	—

Insekten.

August	Gastr. pini	Auskr.d.R.	—	16. 8	—	—	—	—	—	Aug.
Ende Juni	„	Verp.	—	27. 6	—	—	—	—	—	End.Juni
Juli	„	Flugz.	—	30. 9	—	—	—	—	16. 7	Juli-Aug
April	Liparis mon.	Auskr.d.R.	—	—	—	—	—	—	—	—
Juni	„	Verp.	—	—	—	—	—	—	—	—
Juli-Aug.	„	Flugz.	—	—	—	4. 8	—	—	13. 8	Juli-Aug
Juli	Dasychira pud.	Auskr.d.R.	—	—	—	—	—	—	—	—
Oktober	„	Verp.	—	Okt.	—	—	—	—	—	—
Mai-Juni	„	Flugz.	—	Mai u. Juni	—	—	—	—	—	—
Mai	Cnethocampa pr.	Auskr.d.R.	—	—	—	—	—	—	—	—
Juni	„	Verp.	—	—	—	—	—	—	—	—
August	„	Flugz.	—	—	—	—	—	—	—	—
Mai-Juni	Pissodes not.	Flugz.	—	Mai-Juni	—	—	—	—	—	—
April-Mai	Melolontha vulg.	Flugz.	28. 4 - 10. 6	Apr.-Mai	—	4. 5	10. 5	4. 5	4. 5	Mai
April-Juni	Hylobius abietis	Flugz.	28. 4 -1. 6, 1.-31. 7	Apr-Juni	—	—	10. 5	—	7. 5	—
April-Juni	Bostrychus typ.	Flugz.	—	Apr-Juni	—	—	10. 5	—	—	—
März-Mai	Hylesinus pinip.	Flugz.	—	März-Mai	—	—	End März	—	—	—

Vögel.

Mittlerer Eintritt der Beobachtung für Giessen.	Namen.	Zu beobachten.	Datum der Beobachtung im Jahre 1890 an den Stationen:							
			Dorf-Erbach H.	Driedorf P.	Ebersdorf Th.	Eberswalde P.	Eichenberg P.	Eichquast P.	Eltville P.	Elzerath P.
—	Fringilla coel.	E. G.	14. 3	21. 2	—	6. 3	7. 3	22. 3	10. 2	12. 3
18. 2	Turdus mer.	E. G.	13. 3	—	—	10. 3	2. 3	8. 3	13. 2	19. 3
21. 2	Alauda arv.	E. G.	14. 3	21. 2	11. 3	17. 3	18. 3	3. 3	25. 2	13. 3
bl. hier	Sturnus vulg.	Ank.	12. 2	21. 2	28. 1	26. 2	12. 2	13. 3	18. 2	—
—	Milvus reg.	Ank.	—	22. 3	—	19. 3	—	—	13. 3	14. 3
1. 3	Motacilla alba	Ank.	16. 3	15. 3	13. 5	9. 3	4. 3	14. 3	15. 3	10. 3
7. 3	Ciconia alba	Ank.	—	—	—	22. 3	—	5. 4	—	—
15. 3	Scolopax rust.	Ank.	—	—	—	17. 3	17. 3	17. 3, 10. 9	13. 3 - 29. 3	15. 3, 26. 10
24. 3	Ruticilla tith.	Ank.	30. 3	23. 3	—	25. 3	6. 4	3. 4	29. 3	24. 3
17. 4	Hirundo rust.	Ank.	6. 4	28. 4	6. 4	15. 4	25. 4	11. 4	15. 4	6. 4
21. 4	Cuculus can.	E. R.	16. 4	27. 4	—	3. 5	27. 4	28. 4	15. 4	15. 4
27. 4	Sylvia lusc.	E. G.	—	—	—	22. 4	—	23. 4	22. 4	—
27. 4	Cypselus apus	Ank.	19. 4	27. 4	—	2. 5	—	2. 5	5. 4	2. 5
13. 5	Oriolus galb.	E. R.	—	—	—	1. 5	28. 4	30. 4	4. 5	19. 5
—	Columba turt.	E. R.	16. 4	—	—	18. 4	—	26. 4	8. 5	1. 5
31. 7	Cypselus apus	Wegz.	12. 9	—	—	—	—	1. 8	1. 8	2. 8
—	Ciconia alba	Wegz.	—	—	—	22. 8	—	28. 8	—	—
bl. hier	Sturnus vulg.	Wegz.	1. 12	—	—	18. 9	26. 10	16. 8	—	—
26. 9	Hirundo rust.	Wegz.	18. 9	—	—	20. 10	25. 9	18. 9	15. 9	18. 9
—	Milvus reg.	Wegz.	—	—	—	—	—	—	—	—

Insekten.

Mittlerer Eintritt der Beobachtung für Giessen.	Namen.	Zu beobachten.	Dorf-Erbach H.	Driedorf P.	Ebersdorf Th.	Eberswalde P.	Eichenberg P.	Eichquast P.	Eltville P.	Elzerath P.
August	Gastr. pini	Auskr. d. R.	—	—	—	—	—	25. 7	—	—
Ende Juni	„	Verp.	—	—	—	—	—	10. 6	—	—
Juli	„	Flugz.	—	—	—	—	—	28. 6	—	—
April	Liparis mon.	Auskr. d. R.	—	—	—	—	—	—	—	—
Juni	„	Verp.	—	—	—	—	—	—	—	—
Juli-Aug.	„	Flugz.	—	—	—	—	—	—	—	—
Juli	Dasychira pud.	Auskr. d R.	—	—	—	—	—	—	—	—
Oktober	„	Verp.	—	—	—	—	—	—	—	—
Mai-Juni	„	Flugz.	—	—	—	—	—	—	—	—
Mai	Cnethocampa pr.	Auskr. d. R.	—	—	—	—	—	—	—	—
Juni	„	Verp.	—	—	—	—	—	—	—	—
August	„	Flugz.	—	—	—	—	—	—	—	—
Mai-Juni	Pissodes not.	Flugz.	—	—	—	—	—	—	—	—
April-Mai	Melolontha vulg.	Flugz.	Ende April - Anf. Juni	—	—	—	—	6. 5	—	Mai
April-Juni	Hylobius abietis	Flugz.	—	—	—	—	—	—	—	—
April-Juni	Bostrychus typ.	Flugz.	—	—	—	—	—	—	—	—
März-Mai	Hylesinus pinip.	Flugz.	—	—	—	—	—	29. 3	—	—

Vögel.

Mittlerer Eintritt der Beobachtung für Giessen.	Namen.	Zu beobachten.	Engen B.	Eppingen B.	Erbenhausen Th.	Ernsee Th.	Ernstthal Th.	Escherode P.	Ettlingen B.	Eulenkopf E.
			Datum der Beobachtung im Jahre 1890 an den Stationen:							
—	Fringilla coel.	E. G.	—	30. 1	15. 3	9. 3	16. 3	15. 3	12. 2	20. 3
18. 2	Turdus mer.	E. G.	—	10. 3	15. 3	15. 3	20. 4	—	15. 3	10. 3
21. 2	Alauda arv.	E. G.	—	4. 3	9. 3	8. 3	12. 3	—	—	—
bl. hier	Sturnus vulg.	Ank.	19. 2	24. 2	12. 3	12. 2	26. 2	—	—	9. 2
—	Milvus reg.	Ank.	24. 3	—	24. 3	—	—	—	—	12. 3
1. 3	Motacilla alba	Ank.	19. 3	—	16. 3	12. 3	12. 3	—	12. 3	9. 3
7. 3	Ciconia alba	Ank.	—	14. 3	—	—	—	—	—	—
15. 3	Scolopax rust.	Ank.	20. 3 - 6. 4	10. 3	3. 4, 10. 11	26. 3	—	—	—	20. 3
24. 3	Ruticilla tith.	Ank.	—	—	26. 3	2. 4	26. 4	4. 4	—	15. 3
17. 4	Hirundo rust.	Ank.	18. 4	3. 4	13. 4	10. 4	30. 4	—	15. 4	3. 4
21. 4	Cuculus can.	E. R.	15. 4	9. 4	18. 4	22. 4	30. 4	26. 4	5. 4	15. 4
27. 4	Sylvia lusc.	E. G.	—	18. 4	—	—	—	—	—	—
27. 4	Cypselus apus	Ank.	—	23. 4	9. 5	25. 4	—	—	—	3. 5
13. 5	Oriolus galb.	E. R.	—	3. 5	—	2. 5	—	—	—	5. 5
—	Columba turt.	E. R.	—	9. 5	10. 5	5. 5	—	—	—	6. 5
31. 7	Cypselus apus	Wegz.	—	8. 8	24. 9	4. 8	—	—	—	6. 8
—	Ciconia alba	Wegz.	—	20. 8	—	—	—	—	—	—
bl. hier	Sturnus vulg.	Wegz.	29. 10	16. 8	20. 10	6. 10	5. 9	—	—	—
26. 9	Hirundo rust.	Wegz.	5. 10	—	19. 9	12. 10	10. 9	—	12. 9	—
—	Milvus reg.	Wegz.	—	—	—	—	—	—	—	—

Insekten.

Mittlerer Eintritt der Beobachtung für Giessen.	Namen.	Zu beobachten.	Engen B.	Eppingen B.	Erbenhausen Th.	Ernsee Th.	Ernstthal Th.	Escherode P.	Ettlingen B.	Eulenkopf E.
August	Gastr. pini	Auskr. d. R.	—	—	—	—	—	—	—	—
Ende Juni	„	Verp.	—	—	—	—	—	—	—	—
Juli	„	Flugz.	—	—	—	—	—	—	—	—
April	Liparis mon.	Auskr. d. R.	—	—	—	—	—	—	—	—
Juni	„	Verp.	—	—	—	—	—	—	—	—
Juli-Aug.	„	Flugz.	—	—	—	—	—	—	—	—
Juli	Dasychira pud.	Auskr. d. R.	—	—	—	—	—	—	—	—
Oktober	„	Verp.	—	—	—	—	—	—	—	—
Mai-Juni	„	Flugz.	—	—	—	—	—	—	—	—
Mai	Cnethocampa pr.	Auskr. d. R.	—	—	—	—	—	—	—	—
Juni	„	Verp.	—	—	—	—	—	—	—	—
August	„	Flugz.	—	—	—	—	—	—	—	—
Mai-Juni	Pissodes not.	Flugz.	—	—	—	—	—	—	—	—
April-Mai	Melolontha vulg.	Flugz.	—	3. 5	10. 5	—	12. 5	—	29. 4	Apr-Mai
April-Juni	Hylobius abietis	Flugz.	—	—	1. 5 - August	10. -21. 5	—	—	—	Apr-Juni
April-Juni	Bostrychus typ.	Flugz.	—	—	—	20. 4 - 12. 5	—	—	—	—
März-Mai	Hylesinus pinip.	Flugz.	—	—	—	10. 4 - 2. 5	—	—	—	—

Vögel.

Mittlerer Eintritt der Beobachtung für Giessen.	Namen.	Zu beobachten.	Datum der Beobachtung im Jahre 1890 an den Stationen:							
			Feldkrücken H.	Finkenloch H.	Flörsbach P.	Födersdorf P.	Frankenau P.	Frauensee Th.	Freiburg B.	Freyburg a. U. P.
—	Fringilla coel.	E. G.	25. 2	1. 3	19. 3	13. 3	5. 3	26. 2	7. 3	29. 3
18. 2	Turdus mer.	E. G.	25. 3	10. 3	18. 3	—	2. 3	—	10. 3	12. 3
21. 2	Alauda arv.	E. G.	28. 2	5. 3	—	13. 3	24. 2	8. 3	20. 3	12. 3
bl. hier	Sturnus vulg.	Ank.	8. 3	4. 3	27. 2	13. 3	1. 2	10. 3	16. 2	10. 3
—	Milvus reg.	Ank.	3. 3	2. 3	19. 3	—	15. 3	—	12. 3	—
1. 3	Motacilla alba	Ank.	16. 3	8. 3	8. 3	20. 3	12. 3	18. 3	23. 2	10. 3
7. 3	Ciconia alba	Ank.	—	—	—	—	—	—	15. 3	—
15. 3	Scolopax rust.	Ank.	15. 3	16. 3, 6. 10	19. 3	18. 3	20. 3	20. 3	15. 3 - 1. 4	20. 3
24. 3	Ruticilla tith.	Ank.	22. 3	16. 3	27. 3	—	1. 4	9. 3	3. 4	26. 3
17. 4	Hirundo rust.	Ank.	20. 4	20. 4	18. 4	17. 4	16. 4	17. 4	—	14. 4
21. 4	Cuculus can.	E. R.	30. 4	8. 4	19. 4	20. 4	24. 4	20. 4	4. 4	18. 4
27. 4	Sylvia lusc.	E. G.	—	—	—	—	—	—	—	25. 4
27. 4	Cypselus apus	Ank.	—	—	21. 4	—	—	—	—	24. 4
13. 5	Oriolus galb.	E. R.	—	6. 5	—	8. 5	—	—	—	28. 4
—	Columba turt.	E. R.	18. 5	4. 5	23. 4	—	25. 4	8. 5	17. 4	26. 4
31. 7	Cypselus apus	Wegz.	—	—	—	—	—	—	—	8. 9
—	Ciconia alba	Wegz.	—	—	—	—	—	—	25. 8	—
bl. hier	Sturnus vulg.	Wegz.	10. 8	3. 8	—	19. 10	10. 11	—	20. 9	20. 10
26. 9	Hirundo rust.	Wegz.	30. 9	16. 9	—	1. 10	4. 10	—	—	4. 10
—	Milvus reg.	Wegz.	5. 10	3. 10	—	—	12. 10	—	1. 10	—

Insekten.

Mittlerer Eintritt der Beobachtung für Giessen.	Namen.	Zu beobachten.	Feldkrücken H.	Finkenloch H.	Flörsbach P.	Födersdorf P.	Frankenau P.	Frauensee Th.	Freiburg B.	Freyburg a. U. P.
August	Gastr. pini	Auskr.d.R.	—	—	—	—	—	—	—	—
Ende Juni	„	Verp.	—	—	—	—	—	—	—	—
Juli	„	Flugz.	—	—	—	—	—	—	—	—
April	Liparis mon.	Auskr.d.R.	—	—	—	—	—	—	—	—
Juni	„	Verp.	—	—	—	—	—	—	—	—
Juli-Aug.	„	Flugz.	—	—	3. 8	—	—	—	—	—
Juli	Dasychira pud.	Auskr.d.R.	—	—	—	—	—	—	—	—
Oktober	„	Verp.	—	—	—	—	—	—	—	—
Mai-Juni	„	Flugz.	—	—	—	—	—	—	—	—
Mai	Cnethocampa pr.	Auskr.d.R.	—	—	—	—	—	—	—	—
Juni	„	Verp.	—	—	—	—	—	—	—	—
August	„	Flugz.	—	—	—	—	—	—	—	—
Mai-Juni	Pissodes not.	Flugz.	—	—	—	—	—	—	—	—
April-Mai	Melolontha vulg.	Flugz.	—	Mai	—	—	Apr.-Mai	—	—	—
April-Juni	Hylobius abietis	Flugz.	—	—	Mai	—	Mai-Juli	—	—	—
April-Juni	Bostrychus typ.	Flugz.	—	—	—	—	—	—	—	—
März-Mai	Hylesinus pinip.	Flugz.	—	—	—	—	—	—	—	—

Vögel.

Mittlerer Eintritt der Beobachtung für Giessen.	Namen.	Zu beobachten.	Datum der Beobachtung im Jahre 1890 an den Stationen:							
			Friedrichsrode P.	Friedrichsthal P.	Gedern H.	Geislingen W.	Gengenbach B.	Gera Th.	Gerlachsheim B.	Germerode P.
—	Fringilla coel.	E. G.	17 3	19.3	—	8.3	3.3	2.3	—	5.3
18.2	Turdus mer.	E. G.	14.3	—	30.3	—	—	15.3	27.3	10.3
21.2	Alauda arv.	E. G.	14.3	15.3	—	12.3	—	13.3	16.3	8.3
bl. hier	Sturnus vulg.	Ank.	15.3	—	23.12.89	20.2	21.2	24.2	1.3	20.2
—	Milvus reg.	Ank.	8.4	..	—	15.3	—	—	19.3	28.3
1.3	Motacilla alba	Ank.	14.3	13.3	8.3	19.3	—	10.3	12.3	12.3
7.3	Ciconia alba	Ank.	—	—	—	—	—	—	—	—
15.3	Scolopax rust.	Ank.	25,3-17.4	16.3-10.4	23.-27.3	—	—	—	17.3	—
24.3	Ruticilla tith.	Ank.	16 3	28.3	—	27.3	20.3	4.4	18.3	2.4
17.4	Hirundo rust.	Ank.	11.4	12.4	16.4	20.4	3.4	11.4	9.4	20.4
21.4	Cuculus can.	E. R.	20.4	17.4	29.4	17.4	18.4	26.4	5.4	9.4
27.4	Sylvia lusc.	E. G.	—	—	—	—	—	—	25.4	—
27.4	Cypselus apus	Ank.	24.4	—	—	—	30.4	—	30.4	—
13.5	Oriolus galb.	E. R.	13.5	12.5	—	—	—	12.5	6.5	—
—	Columba turt.	E. R.	26.5	7.5	—	—	—	—	6.5	23.4
31.7	Cypselus apus	Wegz.	10.9	—	—	—	1.8	—	—	—
—	Ciconia alba	Wegz.	—	—	—	—	—	—	—	—
bl. hier	Sturnus vulg.	Wegz.	12.10	—	10.10	—	—	23.9	15.10	5.11
26.9	Hirundo rust.	Wegz.	17.9	—	30.9	21.9	—	17.9	18.9	10.10
—	Milvus reg.	Wegz.	11.10	—	29.9	—	—	—	30.8	—

Insekten.

			Friedrichsrode P.	Friedrichsthal P.	Gedern H.	Geislingen W.	Gengenbach B.	Gera Th.	Gerlachsheim B.	Germerode P.
August	Gastr. pini	Auskr. d. R.	Aug.	—	—	—	—	—	—	—
Ende Juni	„	Verp.	Juni	—	—	—	—	—	—	—
Juli	„	Flugz.	Juli	—	—	—	—	—	—	—
April	Liparis mon.	Auskr. d. R.	—	—	—	—	—	—	—	—
Juni	„	Verp.	—	—	—	—	—	—	—	—
Juli-Aug.	„	Flugz.	Juli	—	—	—	Aug.	—	—	—
Juli	Dasychira pud.	Auskr. d. R.	Juli	—	—	—	—	—	—	—
Oktober	„	Verp.	Okt.	—	—	—	—	—	—	—
Mai-Juni	„	Flugz.	Juni	—	—	—	—	—	—	—
Mai	Cnethocampa pr.	Auskr. d. R.	—	—	—	—	—	—	—	—
Juni	„	Verp.	—	—	—	—	—	—	—	—
August	„	Flugz.	—	—	—	—	—	—	—	—
Mai-Juni	Pissodes not.	Flugz.	—	Mai-Juni	—	—	—	—	—	—
April-Mai	Melolontha vulg.	Flugz.	Mai	—	Mai	6.5	Mai	—	—	Mai
April-Juni	Hylobius abietis	Flugz.	Juni	Apr-Juni	—	—	Mai-Juni	—	—	Juni
April-Juni	Bostrychus typ.	Flugz.	Juni	Apr-Juni	—	—	—	—	—	Mai-Juni
März-Mai	Hylesinus pinip.	Flugz.	—	Mrz-Mai	—	—	—	Mrz-Mai	—	Apr.-Mai

Vögel.

Mittlerer Eintritt der Beobachtung für Giessen.	Namen.	Zu beobachten.	Datum der Beobachtung im Jahre 1890 an den Stationen:							
			Giessen H.	Glindfeld P.	Grammentin P.	Grebenau H.	Grebenhain H.	Greifenhain H.	Gross-Bieberau H.	Gross-Umstadt H.
—	Fringilla coel.	E. G.	12. 2	12. 3	15. 3	20. 3	15. 3	12. 3	15. 3	12. 3
18. 2	Turdus mer.	E. G.	8. 3	14. 3	—	10. 3	12. 3	12. 3	5. 4	8. 3
21. 2	Alauda arv.	E. G.	25. 2	7. 3	7. 3	8. 3	7. 3	24. 2	—	20. 2
bl. hier	Sturnus vulg.	Ank.	bl.hier	bl.hier	11. 3	2. 3	Februar	20. 2	18. 3	—
—	Milvus reg.	Ank.	—	—	12. 3	11. 3	15. 3	15. 3	—	—
1. 3	Motacilla alba	Ank.	1. 3	14. 3	18. 3	10. 3	10. 3	6. 3	30. 3	15. 3
7. 3	Ciconia alba	Ank.	6. 4	—	16. 3	—	—	30. 3	28. 3	6. 3
15. 3	Scolopax rust.	Ank.	17. 3	25. 3	9. 3 — Nov.	—	18. 3	19. 3- 5. 4	16. 3	—
24. 3	Ruticilla tith.	Ank.	21. 3	30. 3	—	3. 5	25. 3	6. 4	—	20. 3
17. 4	Hirundo rust.	Ank.	17. 4	15. 4	29. 4	8. 5	15. 4	6. 4	—	16. 4
21. 4	Cuculus can.	E. R.	17. 4	25. 4	30. 4	17. 4	17. 4	19. 4	24. 4	13. 4
27. 4	Sylvia lusc.	E. G.	—	—	1. 5	—	—	—	—	—
27. 4	Cypselus apus	Ank.	28. 4	7. 5	22. 4	8. 5	9. 5	29. 4	—	20. 4
13. 5	Oriolus galb.	E. R.	—	—	8. 5	—	—	12. 5	—	3. 5
—	Columba turt.	E. R.	---	15. 5	30. 4	—	15. 4	6. 5	14. 5	29. 4
31. 7	Cypselus apus	Wegz.	30. 7	27. 9	3. 8	10. 10	August	—	—	29. 8
—	Ciconia alba	Wegz.	—	—	27. S	—	—	—	10. 9	10. 8
bl. hier	Sturnus vulg.	Wegz.	bl z.Th. hier	—	31. 10	—	Novbr.	—	10. 11	15. 11
26. 9	Hirundo rust.	Wegz.	13. 9	17. 9	28. 9	10. 10	E. Sept.	—	—	24. 9
—	Milvus reg.	Wegz.	—	—	—	—	M. Oct.	29. 9	—	—

Insekten.

Mittlerer Eintritt der Beobachtung für Giessen.	Namen.	Zu beobachten.	Giessen H.	Glindfeld P.	Grammentin P.	Grebenau H.	Grebenhain H.	Greifenhain H.	Gross-Bieberau H.	Gross-Umstadt H.
August	Gastr. pini	Auskr. d R.	—	—	—	—	—	—	—	—
Ende Juni	„	Verp.	—	—	—	—	—	—	—	—
Juli	„	Flugz.	—	—	—	—	—	—	—	—
April	Liparis mon.	Auskr. d.R.	—	—	—	—	—	—	—	—
Juni	„	Verp.	—	—	—	—	—	—	—	—
Juli - Aug.	„	Flugz.	—	—	—	—	August	Juli- August	—	—
Juli	Dasychira pud.	Auskr. d.R.	—	—	—	—	—	—	—	—
Oktober	„	Verp.	—	—	—	—	—	—	—	—
Mai-Juni	„	Flugz.	—	—	—	—	Juni	—	—	—
Mai	Cnethocampa pr.	Auskr. d R.	—	---	—	—	—	—	—	—
Juni	„	Verp.	—	—	—	—	—	—	—	—
August	„	Flugz.	—	—	—	—	—	—	—	—
Mai-Juni	Pissodes not.	Flugz.	—	—	—	—	—	—	—	—
April-Mai	Melolontha vulg.	Flugz.	—	—	7. 5 - 14. 5	—	Mai	2. 5 - 30. 5	—	29. 4
April-Juni	Hylobius abietis	Flugz.	—	—	—	—	—	—	—	—
April-Juni	Bostrychus typ.	Flugz.	—	—	—	—	—	—	—	—
März-Mai	Hylesinus pinip.	Flugz.	—	—	—	—	—	—	—	—

Vögel.

Datum der Beobachtung im Jahre 1890 an den Stationen:

Mittlerer Eintritt der Beobachtung für Giessen.	Namen.	Zu beobachten.	Gross-Umstadt(b) H.	Güglingen W.	Habichtswald P.	Hagenau E.	Hainbach H.	Haisterbach H.	Harzburg Br.	Hasenthal Th.
—	Fringilla coel.	E. G.	5.3	20.3	—	18.3	10.3	14.3	7.3	14.3
18.2	Turdus mer.	E. G.	13.3	20.3	—	11.3	12.3	5.3	30.3	27.3
21.2	Alauda arv.	E. G.	6.3	16.3	23.3	4.3	8.3	20.3	—	9.3
bl. hier	Sturnus vulg.	Ank.	—	25.2	3.3	—	bl. hier	1.2	—	15.3
..	Milvus reg.	Ank.	—	—	—	—	7.3	5.2	—	—
1.3	Motacilla alba	Ank.	11.3	14.3	14.3	7.3	12.3	18.3	11.3	17.3
7.3	Ciconia alba	Ank.	12.3	2.3	—	20.3	—	—	—	—
15.3	Scolopax rust.	Ank.	10.4	2.4	14.3	13.3 - End Nov.	16.3	25.3 - 12.4	17.3 - 3.10	—
24.3	Ruticilla tith.	Ank.	11.3	25.3	—	14.3	17.3	10.4	15.3	28.3
17.4	Hirundo rust.	Ank.	15.4	17.4	—	18.4	12.4	15.5	—	—
21.4	Cuculus can.	E. R.	14.4	5.4	24.4	5.4	16.4	18.4	30.4	28.4
27.4	Sylvia lusc.	E. G.	14.4	19.4	28.4	—	—	—	—	—
27.4	Cypselus apus	Ank.	20.4	11.4	28.4	23.4	7.5	4.5	16.4	—
13.5	Oriolus galb.	E. R.	4.5	25.4	—	8.5	3.5	15.5	—	—
—	Columba turt.	E. R.	5.5	30.4	16.4	30.4	1.5	22.4	—	—
31.7	Cypselus apus	Wegz.	30.8	20.8	—	31.8	20.8	14.8	—	—
—	Ciconia alba	Wegz.	24.8	15.8	—	—	—	—	—	—
bl. hier	Sturnus vulg.	Wegz.	24.8	30.8	16.9	—	bl. hier	8.11	—	—
26.9	Hirundo rust.	Wegz.	12.10	30.9	16.9	—	10.10	14.10	—	—
—	Milvus reg.	Wegz.	12.10	—	—	—	11.10	28.10	—	—

Insekten.

	Namen.	Zu beobachten.	Gross-Umstadt(b) H.	Güglingen W.	Habichtswald P.	Hagenau E.	Hainbach H.	Haisterbach H.	Harzburg Br.	Hasenthal Th.
August	Gastr. pini	Auskr.d.R.	—	—	—	—	—	—	—	—
Ende Juni	„	Verp.	—	—	—	—	—	—	—	—
Juli	„	Flugz.	—	—	—	—	—	—	—	—
April	Liparis mon.	Auskr.d.R.	—	—	—	—	—	—	—	—
Juni	„	Verp.	—	—	—	—	—	—	—	—
Juli-Aug.	„	Flugz.	—	—	—	—	—	—	—	—
Juli	Dasychira pud.	Auskr.d.R.	—	—	—	—	—	—	—	—
Oktober	„	Verp.	—	—	—	—	—	—	—	—
Mai-Juni	„	Flugz.	—	—	—	—	—	—	—	—
Mai	Cnethocampa pr.	Auskr.d.R	—	—	—	—	—	—	—	—
Juni	„	Verp.	—	—	—	—	—	—	—	—
August	„	Flugz.	—	—	—	—	—	—	—	—
Mai-Juni	Pissodes not.	Flugz.	—	—	—	—	—	—	24.5	—
April-Mai	Melolontha vulg.	Flugz.	28.4	—	—	—	E.Apr.- Afg.Mai	10.5	20.5	—
April-Juni	Hylobius abietis	Flugz.	—	—	—	—	—	—	24.5	—
April-Juni	Bostrychus typ.	Flugz.	—	—	—	—	—	—	4.6	—
März-Mai	Hylesinus pinip.	Flugz.	—	—	—	—	—	—	—	—

Vögel.

Mittlerer Eintritt der Beobachtung für Giessen.	Namen.	Zu beobachten.	Datum der Beobachtung im Jahre 1890 an den Stationen:							
			Heidenheim a. B. W.	Heiligkreuzthal W.	Heimburg Br.	Heinrichsruh b. Schleiz Th.	Heisterbacherrott P.	Heldburg Th.	Herrenalb W.	Hessen Br.
—	Fringilla coel.	E. G.	18. 3	9. 3	—	15. 3	15. 2	15. 3	13. 3	13. 3
18. 2	Turdus mer.	E. G.	—	23. 3	—	—	10. 3	—	—	28. 3
21. 2	Alauda arv.	E. G.	14. 3	2. 2	—	8. 3	20. 2	3. 3	—	13. 3
bl. hier	Sturnus vulg.	Ank.	18. 2	3. 2	21. 3	8. 3	24. 2	1. 3	25. 2	15. 3
—	Milvus reg.	Ank.	—	—	11. 3	—	—	18. 3	7. 3	15. 3
1. 3	Mo'acilla alba	Ank.	16. 3	11. 3	14. 3	15. 3	20. 3	13. 3	9. 3	18. 3
7. 3	Ciconia alba	Ank.	20. 3	25. 3	18. 4	—	—	—	—	2. 4
15. 3	Scolopax rust.	Ank.	18. 3	18. 3	—	—	13. 3 - 2. 4	16. 3	—	22. 3
24. 3	Ruticilla tith.	Ank.	29. 3	10. 3	20. 4	29. 3	23. 3	30. 3	26. 3	11. 4
17. 4	Hirundo rust.	Ank.	15. 4	16. 4	12. 4	22. 4	1. 4	21. 4	—	1. 5
21. 4	Cuculus can.	E. R.	7. 4	18. 4	24. 4	21. 4	17. 4	21. 4	15. 4	24. 4
27. 4	Sylvia lusc.	E. G.	—	—	—	—	22. 4	—	—	28. 4
27. 4	Cypselus apus	Ank.	6. 5	—	6. 5	—	1. 5	—	—	1. 5
13. 5	Oriolus galb.	E. R.	—	—	7. 5	—	7. 5	6. 5	—	1. 5
—	Columba turt.	E. R.	—	—	11. 5	—	7. 5	—	—	—
31. 7	Cypselus apus	Wegz.	—	—	—	—	3. 8	—	8. 9	—
—	Ciconia alba	Wegz.	—	—	—	—	—	—	—	—
bl. hier	Sturnus vulg.	Wegz.	Okt.	—	—	20. 10	24. 9	—	9. 10	—
26. 9	Hirundo rust.	Wegz.	—	—	—	2. 10	1. 10	—	—	11. 10
—	Milvus reg.	Wegz.	—	—	—	—	—	—	—	25. 10

Insekten.

Mittlerer Eintritt der Beobachtung für Giessen.	Namen.	Zu beobachten.	Heidenheim a. B. W.	Heiligkreuzthal W.	Heimburg Br.	Heinrichsruh b. Schleiz Th.	Heisterbacherrott P.	Heldburg Th.	Herrenalb W.	Hessen Br.
August	Gastr. pini	Auskr. d. R.	—	—	—	—	—	—	—	—
Ende Juni	„	Verp.	—	—	—	—	—	—	—	—
Juli	„	Flugz.	—	—	—	—	—	—	—	—
April	Liparis mon.	Auskr. d. R.	—	—	—	—	—	—	—	—
Juni	„	Verp.	—	—	—	—	—	—	—	—
Juli-Aug.	„	Flugz.	—	—	—	—	—	—	—	—
Juli.	Dasychira pud.	Auskr. d. R.	—	—	—	—	—	—	—	—
Oktober	„	Verp.	—	—	—	—	—	—	—	—
Mai-Juni	„	Flugz.	—	—	—	—	—	—	—	—
Mai	Cnethocampa pr.	Auskr. d. R.	—	—	—	—	—	—	—	—
Juni	„	Verp.	—	—	—	—	—	—	—	—
August	„	Flugz.	—	—	—	—	—	—	—	—
Mai-Juni	Pissodes not.	Flugz.	—	—	—	—	—	—	—	—
April-Mai	Melolontha vulg.	Flugz.	—	—	Mai	—	1. 5	—	—	5. 5
April-Juni	Hylobius abietis	Flugz.	—	—	Mai-Juni	Mai-Juni	—	—	—	—
April-Juni	Bostrychus typ.	Flugz	—	—	Mai-Juni	Mai-Juni	—	—	---	—
März-Mai	Hylesinus pinip.	Flugz.	—	—	—	—	—	—	—	—

Vögel.

Mittlerer Eintritt der Beobachtung für Giessen.	Namen.	Zu beobachten.	Heubach H.	Heyda Th.	Hilders P.	Hirschkopf E.	Hohegeiss Br.	Hohenheim W.	Hohenholte P.	Hollerath P.
—	Fringilla coel.	E. G.	8. 3	14. 3	11. 3	2. 3	—	16. 2	14. 2	12. 3
18. 2	Turdus mer.	E. G.	9. 3	14. 3	20. 3	3. 4	—	13. 3	20. 3	12. 3
21. 2	Alauda arv.	E. G.	8. 3	10. 3	12. 3	—	11 3.	23. 2	28. 2	11. 3
bl. hier	Sturnus vulg.	Ank.	—	10. 3	8. 1	—	—	17. 2	4. 3	14 2
—	Milvus reg.	Ank.	—	—	29. 3	—	—	—	—	18. 3
1. 3	Motacilla alba	Ank.	14. 3	19. 3	15. 3	—	—	1. 4	9. 3	17. 3
7. 3	Ciconia alba	Ank.	9. 3	—	—	—	—	—	—	—
15. 3	Scolopax rust.	Ank.	—	—	20.-26.3	29. 3 - 18. 4	—	19. 3	7. 3	14. 8 - 17.4 16.10-19.11
24. 3	Ruticilla tith.	Ank.	23. 3	26. 3	13. 3	24. 3	—	2. 4	—	2. 4
17. 4	Hirundo rust.	Ank.	10. 4	16. 4	16. 4	—	—	7. 4	14. 4	12. 5
21. 4	Cuculus can.	E. R.	14. 4	28. 4	19. 4	18. 4	22. 4	17. 4	20. 4	26. 4
27. 4	Sylvia lusc.	E. G.	—	—	—	—	—	—	21. 4	—
27. 4	Cypselus apus	Ank.	14. 4	—	15. 5	—	—	—	9. 5	—
13. 5	Oriolus galb.	E. R.	3. 5	—	—	—	—	9. 5	14. 5	—
—	Columba turt.	E. R.	22. 4	6. 5	19. 5	—	—	14. 5	—	2. 6
31. 7	Cypselus apus	Wegz.	24. 8	—	—	—	—	—	10. 8	—
—	Ciconia alba	Wegz.	10. 8	—	—	—	—	—	—	—
bl. hier	Sturnus vulg.	Wegz.	—	—	20. 11	—	—	21. 10	19. 9	20. 10
26. 9	Hirundo rust.	Wegz.	28. 9	—	25. 9	—	—	15. 10	28. 9	18. 10
—	Milvus reg.	Wegz.	—	—	5. 10	—	—	—	—	19. 10

Insekten.

Mittlerer Eintritt der Beobachtung für Giessen.	Namen.	Zu beobachten.	Heubach H.	Heyda Th.	Hilders P.	Hirschkopf E.	Hohegeiss Br.	Hohenheim W.	Hohenholte P.	Hollerath P.
August	Gastr. pini	Auskr.d.R.	—	—	—	—	—	—	—	—
Ende Juni	„	Verp.	—	—	—	—	—	—	—	—
Juli	„	Flugz.	—	—	—	—	—	—	—	—
April	Liparis mon.	Auskr.d.R.	—	—	—	—	—	—	—	—
Juni	„	Verp.	—	—	—	—	—	—	—	—
Juli-Aug.	„	Flugz.	—	—	—	—	—	—	—	—
Juli	Dasychira pud.	Auskr.d.R	—	—	—	—	—	—	—	—
Oktober	„	Verp.	—	—	—	—	—	—	—	—
Mai-Juni	„	Flugz.	—	—	—	—	—	—	—	—
Mai	Cnethocampa pr.	Auskr.d.R.	—	—	—	—	—	—	—	—
Juni	„	Verp.	—	—	—	—	—	—	—	—
August	„	Flugz.	—	—	—	—	—	—	—	—
Mai-Juni	Pissodes not.	Flugz.	—	—	—	—	—	—	—	—
April-Mai	Melolontha vulg.	Flugz.	29. 4	—	Mai-Juni	—	—	Mai	—	—
April-Juni	Hylobius abietis.	Flugz.	—	—	21. 4 - Juli	—	—	April-Juni	—	—
April-Juni	Bostrychus typ.	Flugz.	—	—	April-Juni	April-Juni	—	—	—	—
März-Mai	Hyelsinus pinip.	Flugz.	—	—	April-Juni	Mrz-Mai	—	Mrz-Mai	—	—

Vögel.

Mittlerer Eintritt der Beobachtung für Giessen.	Namen.	Zu beobachten.	Datum der Beobachtung im Jahre 1890 an den Stationen:							
			Homberg H.	Hüppelröttchen P.	Hürtgen b. Düren P.	Ibenhorst P.	St. Johann P.	Johannisburg P.	Justingen W.	Kandern B.
—	Fringilla coel.	E. G.	11. 5	9. 3	24. 2	13. 3	13. 3	9. 3	9. 3	—
18. 2	Turdus mer.	E. G.	15. 4	12. 3	22. 3	1. 4	19. 3	25. 3	20. 3	18. 2
21. 2	Alauda arv.	E. G.	4. 3	22. 2	24. 2	12. 3	9. 3	12. 3	11. 3	—
bl. hier	Sturnus vulg.	Ank.	20. 1	23. 2	bl. hier	15. 3	8. 3	bl. hier	22. 2	24. 2
—	Milvus reg.	Ank.	11. 3	2. 4	26. 2	20. 3	—	1. 3	—	—
1. 3	Motacilla alba	Ank.	19. 3	16. 3	1. 3	26. 3	18. 3	15. 3	20. 3	16. 3
7. 3	Ciconia alba	Ank.	—	—	—	27. 3	—	—	—	23. 3
15. 3	Scolopax rust.	Ank.	19. 3	22. 3 - 10. 4	2. 3	28. 3	9. 3 - 13. 4	20. 3	28. 3	—
24. 3	Ruticilla tith.	Ank.	10. 4	1. 4	15. 3	2 4	8. 4	1. 4	22. 3	28. 3
17. 4	Hirundo rust.	Ank.	20. 4	25. 4	12. 4	25. 4	9. 4	14. 4	—	18. 4
21. 4	Cuculus can.	E. R.	18. 4	21. 4	20. 4	26. 4	15. 4	14. 4	20. 4	15. 4
27. 4	Sylvia lusc.	E. G.	—	24. 4	24. 4	2. 5	16. 4	—	—	—
27. 4	Cypselus apus	Ank.	—	24. 4	15. 4	5. 5	20. 4	—	4. 5	5. 5
13. 5	Oriolus galb.	E. R.	31. 5	—	4. 5	4. 5	6. 5	10. 5	—	17. 5
—	Columba turt.	E. R.	31. 5	26. 4	12. 5	8. 5	5. 5	8. 5	—	17. 5
31. 7	Cypselus apus	Wegz.	—	3. 9	—	18. 8	15. 8	—	10. 9	30. 7
—	Ciconia alba	Wegz.	—	—	—	25. 9	—	—	—	—
bl. hier	Sturnus vulg.	Wegz.	—	2. 10	bl. hier	10. 10	25. 9	—	18. 10	—
26. 9	Hirundo rust.	Wegz.	22. 9	2. 10	15. 10	30 9	26. 9	—	—	15. 9
—	Milvus reg.	Wegz.	—	25. 9	—	8. 10	—	30. 9	—	—

Insekten.

Mittlerer Eintritt der Beobachtung für Giessen.	Namen.	Zu beobachten.	Homberg H.	Hüppelröttchen P.	Hürtgen b. Düren P.	Ibenhorst P.	St. Johann P.	Johannisburg P.	Justingen W.	Kandern B.
August	Gastr. pini	Auskr. d.R.	—	—	—	Aug.	—	—	—	—
Ende Juni	„	Verp.	—	—	—	Juni	—	—	—	—
Juli	„	Flugz.	—	—	—	Juli	—	—	—	—
April	Liparis mon.	Auskr. d.R.	—	—	—	—	—	—	—	—
Juni	„	Verp.	—	—	—	—	—	—	—	—
Juli-Aug.	„	Flugz.	—	—	—	—	—	—	—	—
Juli	Dasychira pud.	Auskr. d.R.	—	—	—	—	—	—	—	—
Oktober	„	Verp.	—	—	—	—	—	—	—	—
Mai-Juni	„	Flugz.	—	—	—	—	—	—	—	—
Mai	Cnethocampa pr.	Auskr. d.R.	—	—	—	—	—	—	—	—
Juni	„	Verp.	—	—	—	—	—	—	—	—
August	„	Flugz.	—	—	—	—	—	—	—	—
Mai-Juni	Pissodes not.	Flugz.	—	—	—	—	—	—	—	—
April-Mai	Melolontha vulg.	Flugz.	8. 5	2. 5	—	Mai	—	—	—	—
April-Juni	Hylobius abietis	Flugz.	—	15. 5	25. 4 - 10. 5	Apr-Juni	—	—	—	—
April-Juni	Bostrychus typ.	Flugz.	—	—	—	Apr-Juni	—	—	—	—
März-Mai	Hylesinus pinip.	Flugz.	—	10. 5	20. 4	Apr-Juni	—	—	—	—

Vögel.

Mittlerer Eintritt der Beobachtung für Giessen.	Namen.	Zu beobachten.	Kenzingen B.	Kirchberg P.	Klein-Briesen P.	Königsbronn W.	Königsthal (Bliedungen II) P.	Kottwitz P.	Kröckelbach H.	Kühndorf P.
—	Fringilla coel.	E. G.	23. 2	16. 3	28. 2	1. 4	9. 3	8. 3	10. 3	14. 3
18. 2	Turdus mer.	E. G.	20. 3	21. 2	17. 3	8. 4	16. 3	28. 3	30. 3	23. 4
21. 2	Alauda arv.	E. G.	1. 3	21. 2	5. 3	10. 4	9. 3	8. 3	10. 2	16. 3
bl. hier	Sturnus vulg.	Ank.	20. 2	—	22. 2	20. 2	8. 3	1. 3	31. 3	16. 3
—	Milvus reg.	Ank.	8. 3	—	—	1. 4	4. 3	—	—	26. 3
1. 3	Motacilla alba	Ank.	3. 3	13. 3	7. 3	25. 3	15. 3	10. 3	30. 3	20. 3
7. 3	Ciconia alba	Ank.	12. 3	—	8. 4	—	—	28. 3	—	—
15. 3	Scolopax rust.	Ank.	7. 3 - 6. 4	10. 3	29. 3 - 1. 4	—	—	24. 3 - 2. 11	—	—
24. 3	Ruticilla tith.	Ank.	22. 3	13. 3	24. 3	20. 3	22. 3	1. 4	30. 3	15. 4
17. 4	Hirundo rust.	Ank.	7. 4	27. 4	—	10. 4	17. 4	1. 4	15. 3	—
21. 4	Cuculus can.	E. R.	5. 4	9. 4	18. 4	8. 4	27. 4	15. 4	25. 3	10. 5
27. 4	Sylvia lusc.	E. G.	24. 4	—	20. 4	—	5. 5	18. 4	1. 5	—
27. 4	Cypselus apus	Ank.	25. 4	11. 5	13. 4	10. 5	—	—	15. 5	22. 4
13. 5	Oriolus galb.	E. R.	6. 5	12. 5	23. 4	—	9. 5	26. 4	—	—
—	Columba turt.	E. R.	16. 4	9. 5	25. 4	—	10. 5	1. 5	14. 5	—
31. 7	Cypselus apus	Wegz.	18. 8	28. 7	8. 9	15. 8	—	—	15. 9	—
—	Ciconia alba	Wegz.	15. 8	—	14. 8	—	—	13. 8	—	—
bl. hier	Sturnus vulg.	Wegz.	--	—	15. 10	10. 10	—	3. 10	15. 10	28. 8
26. 9	Hirundo rust.	Wegz.	30. 9	22. 9	—	16. 9	—	25. 9	15. 9	—
—	Milvus reg.	Wegz.	10. 10	—	—	10. 9	—	—	—	—

Insekten.

Mittlerer Eintritt der Beobachtung für Giessen.	Namen.	Zu beobachten.	Kenzingen B.	Kirchberg P.	Klein-Briesen P.	Königsbronn W.	Königsthal (Bliedungen II) P.	Kottwitz P.	Kröckelbach H.	Kühndorf P.
August	Gastr. pini	Auskr. d.R.	—	—	—	—	—	—	—	—
Ende Juni	„	Verp.	—	—	—	—	—	—	—	—
Juli	„	Flugz.	—	—	—	—	—	—	—	—
April	Liparis mon.	Auskr. d.R.	—	—	—	—	—	—	—	—
Juni	„	Verp.	—	—	—	—	—	—	—	—
Juli-Aug.	„	Flugz.	—	—	—	—	—	—	—	—
Juli	Dasychira pud.	Auskr. d.R.	—	—	—	—	—	—	—	—
Oktober	„	Verp.	—	—	—	—	—	—	—	—
Mai-Juni	„	Flugz.	—	—	—	—	—	—	—	—
Mai	Cnethocampa pr.	Auskr. d R	—	—	—	—	—	3. 5	—	—
Juni	„	Verp.	—	—	—	—	—	15. 6	—	—
August	„	Flugz.	—	—	—	—	—	22. 8	—	—
Mai-Juni	Pissodes not.	Flugz.	—	—	—	—	—	—	—	—
April-Mai	Melolontha vulg.	Flugz.	15. 4	11. 5	1. 5	—	—	2. 5	Mai-Juni	—
April-Juni	Hylobius abietis	Flugz.	—	—	—	—	—	—	—	—
April-Juni	Bostrychus typ.	Flugz.	--	—	—	—	—	—	—	—
März-Mai	Hylesinus pinip.	Flugz.	—	24. 3	—	—	—	—	—	—

Vögel.

Mittlerer Eintritt der Beobachtung für Giessen.	Namen.	Zu beobachten.	Datum der Beobachtung im Jahre 1890 an den Stationen:							
			Kurwien P.	Kyllburg P.	Lahnhof P.	Lahr B.	Landeck P.	Langenau W.	Langenbrand W.	Lehmannsbrück Th.
—	Fringilla coel.	E. G.	23.2	—	12.3	9.3	19.3	28.2	11.3	—
18.2	Turdus mer.	E. G.	—	—	15.3	12.3	18.3	15.3	12.3	—
21.2	Alauda arv.	E. G.	18.2	17.3	12.3	12.3	12.3	25.2	10.3	—
bl. hier	Sturnus vulg.	Ank.	29.2	19.3	13.3	28.2	18.3	23.2	22.2	—
—	Milvus reg.	Ank.	—	14.3	14.3	20.3	—	17.3	24.3	—
1.3	Motacilla alba	Ank.	1.4	9.3	12.3	8.3	18.3	15.3	15.3	—
7.3	Ciconia alba	Ank.	2.4	—	—	14.3	5.4	—	—	—
15.3	Scolopax rust.	Ank.	20.2	14.3	21.3	15.3-5.4	26.3-17.11	—	19.3	—
24.3	Ruticilla tith.	Ank.	—	—	6.4	24.3	21.4	1.4	20.3	—
17.4	Hirundo rust.	Ank.	25.4	18.4	5.4	4.4	11.4	15.4	—	—
21.4	Cuculus can.	E. R.	25.4	17.4	19.4	30.3	17.4	13.4	18.4	—
27.4	Sylvia lusc.	E. G.	—	—	—	15.4	—	—	—	—
27.4	Cypselus apus	Ank.	—	26.4	—	15.4	—	—	20.4	—
13.5	Oriolus galb.	E. R.	26.5	—	—	21.4	3.5	10.5	—	—
—	Columba turt.	E. R.	8.5	—	28.5	23.4	14.5	—	1.5	—
31.7	Cypselus apus	Wegz.	—	27.7	—	20.8	—	—	1.10	—
—	Ciconia alba	Wegz.	24.8	—	—	17.8	16.8	—	—	—
bl. hier	Sturnus vulg.	Wegz.	—	—	Ende Okt.	15.11	—	7.10	15.10	—
26.9	Hirundo rust.	Wegz.	5.10	5.10	—	5.10	28.9	11.10	30.8	—
—	Milvus reg.	Wegz.	—	—	—	10.10	—	25.10	—	—

Insekten.

Mittlerer Eintritt der Beobachtung für Giessen.	Namen.	Zu beobachten.	Kurwien P.	Kyllburg P.	Lahnhof P.	Lahr B.	Landeck P.	Langenau W.	Langenbrand W.	Lehmannsbrück Th.
August	Gastr. pini	Auskr.d.R.	Aug.	—	—	—	—	—	—	—
Ende Juni	„	Verp.	Ende Juli	—	—	—	—	—	—	—
Juli	„	Flugz.	Juli	—	—	—	—	—	—	—
April	Liparis mon.	Auskr.d.R.	—	—	—	—	—	—	—	—
Juni	„	Verp.	—	—	—	—	—	—	—	—
Juli-Aug.	„	Flugz.	—	—	—	—	—	—	—	—
Juli	Dasychira pud.	Auskr.d.R	—	—	—	—	—	—	—	—
Oktober	„	Verp.	—	—	—	—	—	—	—	—
Mai-Juni	„	Flugz.	—	—	—	—	—	—	—	—
Mai	Cnethocampa pr.	Auskr.d.R.	—	—	—	20.5	—	...	—	—
Juni	„	Verp.	—	—	—	20.6	—	—	—	—
August	„	Flugz.	—	—	—	15.8	—	—	—	—
Mai-Juni	Pissodes not.	Flugz.	—	—	—	—	—	—	—	Mai
April-Mai	Melolontha vulg.	Flugz.	Mai-Juni	1.5-10.5	—	20.5	—	1.5-Juni	—	Mai
April-Juni	Hylobius abietis	Flugz.	Apr-Juni	—	Mai-Sept.	—	April-Juni	—	—	April-Mai
April-Juni	Bostrychus typ.	Flugz.	Apr-Juli	—	—	—	—	—	—	April-Mai
März-Mai	Hylesinus pinip.	Flugz.	Apr-Juni	—	—	30.4	April	—	—	Mai

Vögel.

Mittlerer Eintritt der Beobachtung für Giessen.	Namen.	Zu beobachten.	Datum der Beobachtung im Jahre 1890 an den Stationen:							
			St. Leon B.	Leszno b. Schönsee P.	Lichtenberg Br.	Lichtenstern W.	Lintzel P.	Linz P.	Lissberg H.	Lörrach B.
—	Fringilla coel.	E. G.	4. 3	18. 3	16. 2	20. 2	1. 4	24. 2	25. 2	—
18. 2	Turdus mer.	E. G.	7. 3	13. 3	5. 3	—	—	24. 2	6. 4	15. 5
21. 2	Alauda arv.	E. G.	6. 2	11. 3	25. 2	19. 3	9. 3	11. 3	28. 2	—
bl. hier	Sturnus vulg.	Ank.	10. 2	18. 3	28. 1	20. 2	8. 3	11. 3	10. 3	15. 2
—	Milvus reg.	Ank.	—	—	21. 3	—	—	—	6. 3	22. 3
1. 3	Motacilla alba	Ank.	5. 3	15. 3	21. 3	16. 3	1. 5	11. 3	5. 3	—
7. 3	Ciconia alba	Ank.	18. 3	20. 3	—	—	10. 4	—	25. 3	27. 5
15. 3	Scolopax rust.	Ank.	14. 3 - 1. 4	20.3-14.4 21.9-10.11	—	25. 3 - 1. 4	10. 3	15. 3 - 20. 4	20. 3	29. 3
24. 3	Ruticilla tith.	Ank.	26. 3	—	21. 3	24. 3	—	26. 3	20. 3	—
17. 4	Hirundo rust.	Ank.	—	14. 4	21. 4	—	5. 5	10. 4	10. 4	14. 4
21. 4	Cuculus can.	E. R.	5. 4	16. 4	15. 4	7. 4	27. 4	8. 4	6. 4	9. 4
27. 4	Sylvia lusc.	E. G.	18. 4	—	30. 4	—	5. 5	18. 4	—	—
27. 4	Cypselus apus	Ank.	3. 4	—	—	—	—	4. 5	22. 4	—
13. 5	Oriolus galb.	E. R.	28. 4	30. 4	—	—	15. 5	3. 5	—	5. 5
—	Columba turt.	E. R.	24. 4	19. 4	—	—	15. 5	4. 5	4. 5	30. 4
31. 7	Cypselus apus	Wegz.	—	—	—	—	—	25. 7	—	—
—	Ciconia alba	Wegz.	—	23. 8	—	—	—	—	—	—
bl. hier	Sturnus vulg.	Wegz.	—	—	—	—	—	1. 11	25. 8	—
26. 9	Hirundo rust.	Wegz.	—	15. 9	—	—	—	26. 9	20. 9	—
—	Milvus reg.	Wegz.	—	—	—	—	—	—	—	—

Insekten.

Mittlerer Eintritt der Beobachtung für Giessen.	Namen.	Zu beobachten.	St. Leon B.	Leszno b. Schönsee P.	Lichtenberg Br.	Lichtenstern W.	Lintzel P.	Linz P.	Lissberg H.	Lörrach B.
August	Gastr. pini	Auskr. d.R.	Aug.	—	—	—	—	—	—	—
Ende Juni	„	Verp.	E. Juni Af. Juli	—	—	—	—	—	—	—
Juli	„	Flugz.	Mitt.Juli	—	—	—	—	—	—	—
April	Liparis mon.	Auskr. d.R.	—	—	—	—	27. 5	—	—	—
Juni	„	Verp.	Juni	—	—	—	14. 7	—	—	—
Juli-Aug.	„	Flugz.	Juli	—	—	—	3. 8	—	—	—
Juli	Dasychira pud.	Auskr. d.R.	—	—	—	—	—	—	—	—
Oktober	„	Verp.	—	—	—	—	—	—	—	—
Mai-Juni	„	Flugz.	—	—	—	—	—	—	—	—
Mai	Cnethocampa pr.	Auskr. d.R.	—	—	—	—	2. 6	—	—	—
Juni	„	Verp.	—	—	—	—	—	—	—	—
August	„	Flugz.	—	—	—	—	—	—	—	—
Mai-Juni	Pissodes not.	Flugz.	—	—	—	—	—	—	—	—
April-Mai	Melolontha vulg.	Flugz.	Ende April	—	5. 5	—	—	—	Mai	—
April-Juni	Hylobius abietis	Flugz.	Mai-Juni	—	—	—	—	—	—	—
April-Juni	Bostrychus typ.	Flugz.	—	—	—	—	—	—	—	—
März-Mai	Hylesinus pinip.	Flugz.	—	—	—	—	—	—	—	—

Vögel.

Mitlerer Eintritt der Beobachtung für Giessen.	Namen.	Zu beobachten.	Datum der Beobachtung im Jahre 1890 an den Stationen:							
			Lohhecken P.	Lutterbach E.	Lützelbach E.	Magdeburg P.	Marienthal Br.	Meierei E.	Melkerei E.	Messkirch B.
—	Fringilla coel.	E. G.	14. 3	10. 3	8. 3	28. 1	24. 3	—	13. 3	16. 3
18. 2	Turdus mer.	E. G.	22. 3	8. 3	16. 3	10. 3	14. 3	—	18. 2	5. 4
21. 2	Alauda arv.	E. G.	18. 3	9. 3	—	26. 2	10. 3	—	—	10. 3
bl. hier	Sturnus vulg.	Ank.	—	bl. hier	—	27. 2	2. 3	—	—	20. 2
—	Milvus reg.	Ank.	—	20. 3	—	27. 3	4. 3	—	—	6. 3
1. 3	Motacilla alba	Ank.	15. 3	8. 3	—	15. 3	16. 3	15. 3	14. 3	10. 3
7. 3	Ciconia alba	Ank.	8. 4	—	28. 3	5. 4	24. 4	—	—	—
15. 3	Scolopax rust.	Ank.	20. 3 - 15. 10	16. 3 - 28. 3.	27. 3	24. 3	20. 3 - 4. 11	20. 3 - 6. 11.	16. 4 - 1. 12	—
24. 3	Ruticilla tith.	Ank.	—	17. 3	30. 3	25. 3	3. 4	5. 4	27. 3	5. 4
17. 4	Hirundo rust.	Ank.	5. 4	2. 4	1. 5	5. 4	20. 4	—	—	14. 4
21. 4	Cuculus can.	E. R.	15. 4	14. 4	4. 4	18. 4	24. 4	5. 4	18. 4	26. 4
27. 4	Sylvia lusc.	E. G.	16. 4	18. 4	4. 5	24. 4	2. 5	—	—	—
27. 4	Cypselus apus	Ank.	—	25. 4	5. 5	18. 4	22 5	—	—	28. 4
13. 5	Oriolus galb.	E. R.	27. 4	1. 5	—	29. 4	11. 5	—	—	—
—	Columba turt.	E. R.	29. 4	27. 4	8. 5	—	10. 5	19. 5	—	—
31. 7	Cypselus apus	Wegz.	—	7. 9	—	4. 8	28. 8	—	—	6. 9
—	Ciconia alba	Wegz.	1. 9	—	24. 8	22. 8	14. 8	—	—	—
bl. hier	Sturnus vulg.	Wegz.	30. 10	—	—	1. 10	7. 11	—	—	10. 10
26. 9	Hirundo rust.	Wegz.	25. 10	—	—	3. 10	4. 10	—	—	29. 9
—	Milvus reg.	Wegz.	—	—	—	24. 9	—	—	—	—

Insekten.

August	Gastr. pini	Auskr. d. R.	Aug.	—	—	—	—	—	—	—
Ende Juni	„	Verp.	Juni-Juli	—	—	—	—	—	—	—
Juli	„	Flugz.	EndeJuli	—	—	—	—	—	—	—
April	Liparis mon.	Auskr. d. R.	—	—	—	—	—	—	—	—
Juni	„	Verp.	—	—	—	—	—	—	—	—
Juli-Aug.	„	Flugz.	—	—	—	—	—	—	—	2. 8
Juli	Dasychira pud.	Auskr. d. R.	—	—	—	—	—	—	—	—
Oktober	„	Verp.	—	—	—	—	—	—	—	—
Mai-Juni	„	Flugz.	—	—	—	—	—	—	—	—
Mai	Cnethocampa pr.	Auskr. d. R.	—	—	—	—	—	—	—	—
Juni	„	Verp.	—	—	—	—	—	—	—	—
August	„	Flugz.	—	—	—	—	—	—	—	—
Mai-Juni	Pissodes not.	Flugz.	—	—	—	—	—	—	—	—
April-Mai	Melolontha vulg.	Flugz.	—	Mai	—	—	12. 5	Mitte Mai	—	—
April-Juni	Hylobius abietis	Flugz.	April-Juli	—	—	—	30. 4 25. 5	Afg. Mai	—	—
April-Juni	Bostrychus typ.	Flugz.	—	—	—	—	—	—	—	—
März-Mai	Hylesinus pinip.	Flugz.	April-Juni	—	—	—	10. 5	Afg. Mai	—	—

Vögel.

Mittlerer Eintritt der Beobachtung für Giessen.	Namen.	Zu beobachten.	Datum der Beobachtung im Jahre 1890 an den Stationen:							
			Metzeral E.	Minden i. W. P.	Mirau P.	Mirchau P.	Mitteldick H.	Mönchhof H.	Mombrom E.	Mürschnitz Th.
—	Fringilla coel.	E. G.	7. 3	30. 1	16. 3	12. 3	10. 2	11. 3	—	20. 3
18. 2	Turdus mer.	E. G.	12. 2	18. 3	14. 3	21. 3	5. 3	12. 3	12. 3	15. 3
21. 2	Alauda arv.	E. G.	—	2. 3	9. 3	9. 3	1. 3	3. 2	16. 2	7. 3
bl. hier	Sturnus vulg.	Ank.	7. 3	30. 1	14. 3	13. 3	18. 3	15. 2	—	10. 3
—	Milvus reg.	Ank.	—	3 4	28. 3	—	3. 3	16. 3	—	—
1. 3	Motacilla alba	Ank.	9. 3	20. 3	13. 3	23. 3	15. 3	15. 3	12. 3	12. 3
7. 3	Ciconia alba	Ank.	—	—	29. 3	22. 3	10. 3	18. 3	—	13. 3
15. 3	Scolopax rust.	Ank.	—	22. 3 - 25. 10	20. 3	29. 3	17. 3 - 1. 4	6. 3	15. 3	—
24. 3	Ruticilla tith.	Ank.	25. 3	1. 4	14. 4	—	25. 3	30. 3	—	30. 3
17. 4	Hirundo rust.	Ank.	30. 3	10. 4	12. 4	17. 4	2. 4	2. 4	14. 4	20. 4
21. 4	Cuculus can.	E. R.	14. 4	26. 4	17. 4	26. 4	7. 4	7. 4	10. 4	19. 4
27. 4	Sylvia lusc.	E. G.	—	23. 4	27. 4	—	—	20. 4	—	6. 5
27. 4	Cypselus apus	Ank.	—	26. 4	28. 5	17. 4	1. 6	15. 4	—	20. 4
13. 5	Oriolus galb.	E. R.	—	14. 5	30. 4	25. 5	—	25 4	—	19. 5
—	Columba turt.	E. R.	—	14. 5	22. 4	—	2. 5	12. 5	7. 5	—
31. 7	Cypselus apus	Wegz.	—	1. 9	—	—	10. 8	15. 9	—	1. 8
—	Ciconia alba	Wegz.	—	—	—	15. 8	10. 8	12. 9	—	—
bl. hier	Sturnus vulg.	Wegz.	—	14. 10	—	15. 8	8. 9	—	—	1. 9
26. 9	Hirundo rust.	Wegz.	—	11. 10	—	10. 9	3. 10	—	26. 9	30. 9
—	Milvus reg.	Wegz.	—	—	—	—	—	—	—	—

Insekten.

August	Gastr. pini	Auskr. d R.	—	—	—	—	—	—	—	15. 8
Ende Juni	„	Verp.	—	—	—	—	—	—	—	7. 7
Juli	„	Flugz.	—	—	—	—	—	10. 8	—	20. 7
April	Liparis mon.	Auskr. d.R.	—	16. 4	—	—	—	—	—	—
Juni	„	Verp.	—	16. 6	—	—	—	—	—	—
Juli-Aug.	„	Flugz.	—	30. 6	—	—	—	—	—	—
Juli	Dasychira pud.	Auskr. d.R.	—	—	—	—	...	—	—	—
Oktober	„	Verp.	—	—	—	—	—	—	—	—
Mai-Juni	„	Flugz.	—	—	—	—	...	—	—	—
Mai	Cnethocampa pr.	Auskr. d.R.	—	—	—	—	—	—	—	—
Juni	„	Verp.	—	—	—	—	—	—	—	—
August	„	Flugz.	—	—	—	—	—	—	—	—
Mai-Juni	Pissodes not.	Flugz.	—	—	—	—	—	1. 5	—	17. 5
April-Mai	Melolontha vulg.	Flugz.	Mai-Juni	14. 5	4. 5	2. 5	—	30. 4	—	15. 5
April-Juni	Hylobius abietis	Flugz.	—	11. 4 - 8. 8	21. 4	19. 4	—	10. 4	—	—
April-Juni	Bostrychus typ.	Flugz.	—	—	—	—	—	1. 5	—	15. 5
März-Mai	Hylesinus pinip.	Flugz.	April-Mai	11. 5	—	—	—	28. 3	—	15. 4

Vögel.

Mittlerer Eintritt der Beobachtung für Giessen.	Namen.	Zu beobachten.	Datum der Beobachtung im Jahre 1890 an den Stationen:							
			Nesselgrund P.	Neuenheerse P.	Neuenstadt W.	Neuffen W.	Neuhaus P.	Neupfalz P.	Neu-Sternberg P.	Nidda H.
—	Fringilla coel.	E. G.	20. 3	14. 3	14. 2	24. 2	18. 3	7. 3	—	10. 3
18. 2	Turdus mer.	E. G.	13. 3	12. 3	10. 3	—	13. 3	9. 3	—	12. 3
21. 2	Alauda arv.	E. G.	—	12. 3	28. 2	25. 2	8. 3	10. 3	8. 3	21. 2
bl. hier	Sturnus vulg.	Ank.	23. 2	25. 2	20. 2	20. 2	16. 3	—	18. 3	—
—	Milvus reg.	Ank.	—	12. 3	10. 3	—	23. 3	—	—	14. 2
1. 3	Motacilla alba	Ank.	17. 3	10. 3	7. 3	—	16. 3	11. 3	30. 3	—
7. 3	Ciconia alba	Ank.	28. 3	—	12. 3	—	30. 3	—	1. 4	11. 3
15. 3	Scolopax rust.	Ank.	23. 3	14. 3	8. 3	—	21. 3-18. 4	15. 3-28. 3	28. 3-19. 4	—
24. 3	Ruticilla tith.	Ank.	26. 3	10. 4	12. 3	—	10. 4	28. 3	—	—
17. 4	Hirundo rust.	Ank.	19. 4	25. 4	5. 4	—	5. 4	3. 4	24. 4	15. 4
21. 4	Cuculus can.	E. R.	23. 4	22. 4	9. 4	16. 4	17. 4	13. 4	20. 4	16. 4
27. 4	Sylvia lusc.	E. G.	—	—	14. 4	—	1. 5	—	—	—
27. 4	Cypselus apus	Ank.	—	25. 4	5. 4	- -	30. 4	—	—	17. 4
13. 5	Oriolus galb.	E. R.	—	15. 5	8. 5	—	2. 5	—	—	9. 5
—	Columba turt.	E. R.	6. 5	11. 5	14. 5	—	18. 4	20. 5	26. 4	—
31. 7	Cypselus apus	Wegz.	—	10. 8	24. 8	—	20. 8	—	—	—
—	Ciconia alba	Wegz.	—	—	10. 8	—	25. 8	—	—	—
bl. hier	Sturnus vulg.	Wegz.	—	15. 11	25. 10	6. 10	20. 8	—	—	—
26. 9	Hirundo rust.	Wegz.	—	20. 9	20. 9	—	10. 9	15. 9	—	—
—	Milvus reg.	Wegz.	—	—	14. 9	—	15. 9	—	—	—

Insekten.

	Namen.	Zu beobachten.	Nesselgrund P.	Neuenheerse P.	Neuenstadt W.	Neuffen W.	Neuhaus P.	Neupfalz P.	Neu-Sternberg P.	Nidda H.
August	Gastr. pini	Auskr.d.R.	—	—	—	—	—	—	—	—
Ende Juni	„	Verp.	—	—	—	—	—	—	—	—
Juli	„	Flugz.	—	—	—	—	—	—	—	—
April	Liparis mon.	Auskr.d.R.	—	—	—	—	—	—	—	—
Juni	„	Verp.	—	—	—	—	—	—	—	—
Juli-Aug.	„	Flugz.	—	—	—	—	—	—	—	—
Juli	Dasychira pud.	Auskr.d.R.	—	—	—	—	—	—	—	—
Oktober	„	Verp.	—	—	—	—	—	—	—	—
Mai-Juni	„	Flugz.	—	—	—	—	29. 5	—	—	—
Mai	Cnethocampa pr.	Auskr.d.R.	—	—	—	—	—	—	—	—
Juni	„	Verp.	—	—	—	—	—	—	—	—
August	„	Flugz.	—	—	—	—	—	—	—	—
Mai-Juni	Pissodes not.	Flugz.	—	—	—	—	—	—	—	—
April-Mai	Melolontha vulg.	Flugz.	—	24. 5	—	—	15. 5	—	6. 5-12. 5	—
April-Juni	Hylobius abietis	Flugz.	15. 5.-15. 6	—	—	—	—	—	—	—
April-Juni	Bostrychus typ.	Flugz.	—	—	—	—	—	—	—	—
März-Mai	Hylesinus pinip.	Flugz.	—	—	—	—	—	—	—	—

Vögel.

Mittlerer Eintritt der Beobachtung für Giessen.	Namen.	Zu beobachten.	Niederstetten W.	Oberems P.	Ober-Klingen H.	Obernkirchen P.	Ober-Rosbach H.	Oberspier Th.	Ochsenhausen W.	Oehringen W.
—	Fringilla coel.	E. G.	10. 3	6. 3	7. 3	Anf. März	—	11. 3	26. 2	11. 3
18. 2	Turdus mer.	E. G.	10. 3	8. 3	12. 3	12. 3	9. 1	13. 3	—	7. 3
21. 2	Alauda arv.	E. G.	8. 3	12. 3	8. 3	Anf. März	15. 2	8. 3	15. 3	10. 3
bl. hier	Sturnus vulg.	Ank.	1. 3	—	—	26. 2	18. 1	9. 3	22. 2	20. 2
—	Milvus reg.	Ank.	10. 3	—	—	11. 3	—	13. 3	17. 3	23. 2
1. 3	Motacilla alba	Ank.	10. 3	12. 3	26. 3	9. 3	10. 3	12. 3	15. 3	10. 3
7. 3	Ciconia alba	Ank.	—	—	30. 3	—	27. 3	—	—	29. 4
15. 3	Scolopax rust.	Ank.	22. 3, 31. 3	16. 3, 31. 3	16. 3 - 22. 3	15. 3 20. 9	—	13. 3	—	14. 3
24. 3	Ruticilla tith.	Ank.	22. 3	25. 3	19. 3	29. 3	12. 3	23. 3	—	20. 3
17. 4	Hirundo rust.	Ank.	2. 4	10. 4	4. 4	20. 4	1. 4	5. 4	9. 4	3. 4
21. 4	Cuculus can.	E. R.	14. 4	15. 4	16. 4	22. 4	15. 4	18. 4	22. 4	8. 4
27. 4	Sylvia lusc.	E. G.	22. 4	—	18. 4	27. 4	4. 5	—	—	—
27. 4	Cypselus apus	Ank.	30. 4	—	28. 4	1. 5	28. 4	20. 4	10. 5	—
13. 5	Oriolus galb.	E. R.	2. 5	—	29. 4	—	29. 4	2. 5	—	30. 4
—	Columba turt.	E. R.	21. 4	—	21. 4	—	1. 5	—	—	—
31. 7	Cypselus apus	Wegz.	10. 8	—	6. 8	3. 8	—	24. 8	15. 8	25. 9
—	Ciconia alba	Wegz.	—	—	26. 8	—	—	—	—	—
bl. hier	Sturnus vulg.	Wegz.	22. 10	—	—	20. 10	—	—	20. 10	23. 10
26. 9	Hirundo rust.	Wegz.	20. 9	16. 9	24. 9	28. 9	—	26. 9	1. 10	10. 10
—	Milvus reg.	Wegz.	7. 10	—	—	—	—	6. 10	—	16. 9

Insekten.

Mittlerer Eintritt der Beobachtung für Giessen.	Namen.	Zu beobachten.	Niederstetten W.	Oberems P.	Ober-Klingen H.	Obernkirchen P.	Ober-Rosbach H.	Oberspier Th.	Ochsenhausen W.	Oehringen W.
August	Gastr. pini	Auskr. d. R.	—	—	—	—	—	—	—	—
Ende Juni	„	Verp.	—	—	—	—	—	—	—	—
Juli	„	Flugz.	—	—	—	—	—	—	—	—
April	Liparis mon.	Auskr. d. R.	—	—	—	—	—	—	—	—
Juni	„	Verp.	—	—	—	—	—	—	—	—
Juli-Aug.	„	Flugz.	—	—	—	—	—	—	—	—
Juli	Dasychira pud.	Auskr. d R.	—	—	—	—	—	—	—	—
Oktober	„	Verp.	—	—	—	—	—	—	—	—
Mai-Juni	„	Flugz.	—	—	—	—	—	—	—	—
Mai	Cnethocampa pr.	Auskr. d. R.	—	—	—	—	—	—	—	—
Juni	„	Verp.	—	—	—	—	—	—	—	—
August	„	Flugz.	—	—	—	—	—	—	—	—
Mai-Juni	Pissodes not.	Flugz.	—	—	—	—	—	—	—	—
April-Mai	Melolontha vulg.	Flugz.	—	—	30. 4- 10. 5	—	—	—	Apr-Juni	3. 5- 29. 5
April-Juni	Hylobius abietis	Flugz.	—	—	—	Apr-Juli	—	—	Apr-Juni	—
April-Juni	Bostrychus typ.	Flugz.	—	—	—	—	—	—	Apr-Juni	—
März-Mai	Hylesinus pinip.	Flugz.	—	—	—	—	—	—	Mrz. Mai	—

Vögel.

Mittlerer Eintritt der Beobachtung für Giessen.	Namen.	Zu beobachten.	Datum der Beobachtung im Jahre 1890 an den Stationen:							
			Oliva P.	Paruschowitz P.	St. Peter E.	Pfeil P.	Pflanzgarten P.	Pöllwitz Th.	Porcelette E.	Proskau P.
—	Fringilla coel.	E. G.	15. 3	15. 3	24. 3	2. 4	26. 2	10. 3	17. 2	10. 3
18. 2	Turdus mer.	E. G.	18. 3	14. 3	18. 3	6. 4	—	6. 4	—	18. 3
21. 2	Alauda arv.	E. G.	10. 3	8. 3	20. 2	23. 3	19. 2	12. 3	5. 3	8. 3
bl. hier	Sturnus vulg.	Ank.	12. 3	8. 3	20· 2	12. 3	24. 2	10. 3	6. 3	9. 3
—	Milvus reg.	Ank.	—	—	—	1. 4	15. 3	—	5. 3	—
1. 3	Motacilla alba	Ank.	17. 3	15. 3	14. 3	21. 3	16. 3	16. 3	7. 3	13. 3
7. 3	Ciconia alba	Ank.	1. 4	25. 3	—	28. 3	5. 4	—	—	26. 3
15. 3	Scolopax rust.	Ank.	26. 3	17. 3 12.9- 7. 11	24. 3- 10. 11	24. 3	15. 3	—	11. 3	17. 3
24. 3	Ruticilla tith.	Ank.	2. 4	27. 3	24. 3	10. 4	30. 3	8. 4	21. 3	19. 3
17. 4	Hirundo rust.	Ank.	18. 4	26. 3	2. 5	22. 4	18. 4	23. 4	4. 4	24. 3
21. 4	Cuculus can.	E. R.	29. 4	14. 4	7. 4	25. 4	30. 4	20. 4	3. 4	15. 4
27. 4	Sylvia lusc.	E. G.	1. 5	—	—	10. 4	—	—	19. 4	20. 4
27. 4	Cypselus apus	Ank.	25. 4	14. 4	4. 5	—	—	12. 4	1. 5	25. 4
13. 5	Oriolus galb.	E. R.	5. 5	26. 4	—	—	15. 5	—	6. 5	6. 5
—	Columba turt.	E. R.	26. 4	16. 4	20. 5	1. 5	—	10. 5	3. 5	10. 5
31. 7	Cypselus apus	Wegz.	—	5. 8	20. 8	—	—	26. 9	12. 8	—
—	Ciconia alba	Wegz.	—	—	—	—	—	—	—	—
bl. hier	Sturnus vulg.	Wegz.	—	10. 9	1. 10	—	—	29. 9	20. 9	—
26. 9	Hirundo rust.	Wegz.	18. 9	29. 9	1. 10	—	—	26. 9	27. 9	1. 10
—	Milvus reg.	Wegz.	—	—	—	—	—	—	—	—

Insekten.

			Oliva P.	Paruschowitz P.	St. Peter E.	Pfeil P.	Pflanzgarten P.	Pöllwitz Th.	Porcelette E.	Proskau P.
August	Gastr. pini	Auskr.d.R.	—	—	—	—	—	—	—	—
Ende Juni	„	Verp.	—	—	—	—	—	—	—	—
Juli	„	Flugz.	—	—	—	—	—	—	—	Juli
April	Liparis mon.	Auskr.d.R.	—	—	—	—	—	—	—	—
Juni	„	Verp.	—	—	—	—	—	—	—	—
Juli-Aug.	„	Flugz.	—	—	—	—	—	—	—	Juli
Juli	Dasychira pud.	Auskr.d.R.	—	—	—	—	—	—	—	—
Oktober	„	Verp.	—	—	—	—	—	—	—	—
Mai-Juni	„	Flugz.	—	—	—	—	—	—	—	—
Mai	Cnethocampa pr.	Auskr.d.R.	—	—	—	—	—	—	—	—
Juni	„	Verp.	—	—	—	—	—	—	—	—
August	„	Flugz.	—	—	—	—	—	—	—	—
Mai-Juni	Pissodes not.	Flugz.	—	—	—	—	—	Mai-Juli	—	Mai
April-Mai	Melolontha vulg.	Flugz.	5. 5	16. 4- 7. 6	Mai	Mai	—	Juni	Mai	Ende Apr-Mai
April-Juni	Hylobius abietis	Flugz.	—	10. 4	—	Apr-Juni	—	Mai-Juli	Mai-Juli	Apr-Juni
April-Juni	Bostrychus typ.	Flugz.	—	21. 4	—	Apr-Juni	—	Apr-Juli	—	April
März-Mai	Hylesinus pinip.	Flugz.	Apr.-Mai	13. 3	—	Apr-Mai	—	Apr-Juni	Apr-Mai	Mrz-Apr

Vögel.

Mittlerer Eintritt der Beobachtung für Giessen.	Namen.	Zu beobachten.	Proskau (Pomol. Institut) P.	Rathsfeld Th.	Batzeburg P.	Ravensberg P.	Reinfeld P.	Reutlingen W.	Richen H.	Riddagshausen Br.
—	Fringilla coel.	E. G.	14. 3	12. 3	16. 2	12. 3	17. 3	10. 3	12. 3	15. 3
18. 2	Turdus mer.	E. G.	—	12. 3	20. 3	16. 3	—	9. 3	29. 3	20. 3
21. 2	Alauda arv.	E. G.	9. 3	13. 3	10. 2	14. 3	6. 3	15. 3	10. 2	10. 3
bl. hier	Sturnus vulg.	Ank.	—	8. 3	—	25. 2	9. 3	15. 2	bl. hier	20. 2
—	Milvus reg.	Ank.	—	11. 3	5. 3	2. 4	20. 3	26. 3	10. 3	—
1. 3	Motacilla alba	Ank.	19. 3	16. 3	8. 3	15. 3	29. 3	17. 3	13. 3	18. 3
7. 3	Ciconia alba	Ank.	6. 4	22. 3	10. 3	—	31. 3	—	15. 3	1. 4
15. 3	Scolopax rust.	Ank.	20. 3	17. 3	15. 3-8. 4	15. 3	12. 3	—	17. 3-24. 3	30. 3
24. 3	Ruticilla tith.	Ank.	12. 4	14. 3	20. 3	5. 4	—	1. 4	18. 3	3. 4
17. 4	Hirundo rust.	Ank.	—	14. 3	12. 4	1. 4	25. 4	14. 4	22. 4	17. 4
21. 4	Cuculus can.	E. R.	20. 4	18. 4	19. 4	1. 5	2. 5	8. 4	15. 4	25. 4
27. 4	Sylvia lusc.	E. G.	20. 4	19. 4	7. 5	19. 4	—	—	—	24. 4
27. 4	Cypselus apus	Ank.	14. 4	22. 4	17. 4	6. 5	—	30. 4	30. 4	6. 5
13. 5	Oriolus galb.	E. R.	27. 4	8. 5	28. 4	14. 5	9. 5	1. 5	5. 5	11. 5
—	Columba turt.	E. R.	—	9. 5	17. 4	15. 5	—	—	4. 5	18. 5
31. 7	Cypselus apus	Wegz.	—	25. 7	10. 8	4. 8	—	20. 9	12. 8	6. 8
—	Ciconia alba	Wegz.	—	8. 8	16. 8	—	22. 8	—	20. 8	10. 8
bl. hier	Sturnus vulg.	Wegz.	—	8. 9	—	5. 11	—	19. 10	—	30. 11
26. 9	Hirundo rust.	Wegz.	—	8. 9	—	—	2. 10	1. 10	30. 9	2. 10
—	Milvus reg.	Wegz.	—	24. 9	16. 9	—	3. 10	1. 9	1. 10	—

Insekten.

August	Gastr. pini	Auskr.d.R.	—	—	—	—	—	—	—	—
Ende Juni	„	Verp.	—	—	26. 5	—	—	—	—	—
Juli	„	Flugz.	—	—	20. 6	—	—	—	—	—
April	Liparis mon.	Auskr.d.R.	—	—	10. 4	—	—	—	—	—
Juni	„	Verp.	—	—	Afg. Juni	—	—	—	—	—
Juli-Aug.	„	Flugz.	—	—	Afg. Juli	—	—	—	—	—
Juli	Dasychira pud.	Auskr.d.R.	—	—	—	—	—	—	—	—
Oktober	„	Verp.	—	—	—	—	—	—	—	—
Mai-Juni	„	Flugz.	—	—	—	—	—	—	—	—
Mai	Cnethocampa pr.	Auskr.d.R.	—	—	—	—	—	—	—	—
Juni	„	Verp.	—	—	—	—	—	—	—	—
August	„	Flugz.	—	—	—	—	—	—	—	—
Mai-Juni	Pissodes not.	Flugz.	—	—	4. 5	—	—	—	—	—
April-Mai	Melolontha vulg.	Flugz.	—	—	19. 4	—	—	10. 4	—	—
April-Juni	Hylobius abietis	Flugz.	—	—	12. 4	—	—	—	—	—
April-Juni	Bostrychus typ.	Flugz.	—	—	16. 4	—	—	—	—	—
März-Mai	Hylesinus pinip.	Flugz.	—	—	5. 4	—	—	—	—	—

Vögel.

Mittlerer Eintritt der Beobachtung für Giessen.	Namen.	Zu beobachten.	Datum der Beobachtung im Jahre 1890 an den Stationen:							
			Rittershofen E.	Rodacherbrunn Th.	Rogelwitz P.	Rosengrund P.	Rothebude bei Neuendorf P.	Rothenfier P.	Rudingshain H.	Rüthnik P.
—	Fringilla coel.	E. G.	11. 3	15. 3	18. 3	26. 3	20. 2	10. 3	—	20. 3
18. 2	Turdus mer.	E. G.	2. 4	26. 3	—	25. 3	5. 4	11. 3	16. 3	20. 3
21. 2	Alauda arv.	E. G.	14. 3	12. 3	14. 3	21. 3	10. 3	12. 3	20. 2	15. 3
bl. hier	Sturnus vulg.	Ank.	20. 2	15. 3	13. 3	24. 3	17. 3	10. 3	12. 2	1. 3
—	Milvus reg.	Ank.	—	—	—	2. 4	4. 4	11. 3	—	28. 3
1. 3	Motacilla alba	Ank.	7. 3	18. 3	16. 3	24. 3	21. 3	11. 3	16. 3	10. 3
7. 3	Ciconia alba	Ank.	19. 3	—	28. 4	26. 3	2. 4	7. 4	—	25. 3
15. 3	Scolopax rust.	Ank.	9. 3	24. 3 - 6. 11	17. 3 - 30. 10	2. 4	21. 3 - 17. 4	19. 3	—	14. 3
24. 3	Ruticilla tith.	Ank.	19. 3	20. 3	23. 4	30. 3	—	—	29. 3	4. 4
17. 4	Hirundo rust.	Ank.	3. 4	—	18. 4	28. 4	16. 4	—	—	17. 4
21. 4	Cuculus can.	E. R.	5. 4	24. 4	15. 4	24. 4	17. 4	27. 4	17. 4	20. 4
27. 4	Sylvia lusc.	E. G.	20. 4	—	—	3. 5	19. 4	—	—	—
27. 4	Cypselus apus	Ank.	29. 3	29. 4	15. 4	6. 4	—	—	19. 4	25. 4
13. 5	Oriolus galb.	E. R.	1. 5	—	27. 4	10. 5	30. 4	12. 5	—	5. 5
—	Columba turt.	E. R.	3. 5	22. 3	6. 5	17. 5	30. 4	9. 5	17. 5	4. 5
31. 7	Cypselus apus	Wegz.	9. 9	19. 8	15. 8	—	—	—	12. 9	—
—	Ciconia alba	Wegz.	13. 8	—	14. 8	—	25. 8	15. 9	—	12. 8
bl. hier	Sturnus vulg.	Wegz.	21. 9	16. 8	2. 9	26. 8	16. 8	Ende Oktbr.	6. 10	10. 8
26. 9	Hirundo rust.	Wegz.	24. 9	—	18. 9	3. 9	29. 9	28. 9	12. 10	1. 9
—	Milvus reg.	Wegz.	—	—	—	—	—	8. 10	—	11. 9

Insekten.

August	Gastr. pini	Auskr. d.R.	—	—	Aug.	—	—	—	—	—
Ende Juni	„	Verp.	—	—	Juni	—	—	—	—	—
Juli	„	Flugz.	—	—	10. 7	—	—	—	—	5. 7
April	Liparis mon.	Auskr. d.R.	—	—	—	—	—	—	—	—
Juni	„	Verp.	—	—	—	—	—	—	—	—
Juli-Aug.	„	Flugz.	—	—	—	—	—	—	—	28. 6
Juli	Dasychira pud.	Auskr. d.R.	—	—	Juli	—	—	—	—	—
Oktober	„	Verp.	—	—	Okt.	—	—	—	—	—
Mai-Juni	„	Flugz.	—	—	Mai-Juni	—	—	-	—	—
Mai	Cnethocampa pr.	Auskr. d.R.	—	—	—	—	—	—	—	—
Juni	„	Verp.	—	—	—	—	—	—	—	—
August	„	Flugz.	—	—	—	—	—	—	—	—
Mai-Juni	Pissodes not.	Flugz.	—	—	Juni	—	—	—	—	—
April-Mai	Melolontha vulg.	Flugz.	—	14. 5 - 16. 5	Ende Mai	—	—	—	—	24. 4
April-Juni	Hylobius abietis	Flugz.	—	mitte Juni-mitte Juli	Mai-Aug	—	ende Apr.-Mai	29. 3	—	22. 4
April-Juni	Bostrychus typ.	Flugz.	—	Mitte Juni	Mai-Juni	—	mitte Mai	—	—	—
März-Mai	Hylesinus pinip.	Flugz.	—	—	Apr.-Mai	—	—	15. 3	—	24. 4

Vögel.

Mittlerer Eintritt der Beobachtung für Giessen.	Namen.	Zu beobachten.	Datum der Beobachtung im Jahre 1890 an den Stationen:							
			Saalburg Th.	Sadlowo P.	Sassenberg P.	Saupark b. Springe P.	Scharfoldendorf Br.	Schirpitz P.	Schmiedefeld P.	Schönau i. W. B.
—	Fringilla coel.	E. G.	8. 3	10. 3	8. 3	12. 3	—	—	15. 3	4. 3
18. 2	Turdus mer.	E. G.	11. 3	25. 3	14. 3	20. 2	14 3.	19. 3	—	6. 3
21. 2	Alauda arv.	E. G.	6. 3	10. 3	2. 3	22. 2	25. 2	—	13. 3	18. 4
bl. hier	Sturnus vulg.	Ank.	22. 2	12. 3	8. 3	18. 1	26. 2	—	26. 2	16. 2
—	Milvus reg.	Ank.	—	15. 3	—	9. 3	20. 3	13. 2	—	30. 4
1. 3	Motacilla alba	Ank.	10. 3	28. 3	12. 3	10. 3	9. 3	13. 3	15. 3	15. 3
7. 3	Ciconia alba	Ank.	—	27.3	—	28. 3	—	31. 3	—	—
15. 3	Scolopax rust.	Ank.	—	27. 4 / 10. 10	—	15. 3	28. 3	27. 3	—	—
24. 3	Ruticilla tith.	Ank.	15. 3	6. 4	15. 4	16. 3	28. 3	—	29. 3	10. 3
17. 4	Hirundo rust.	Ank.	10. 4	15. 4	17. 4	2. 4	20. 4	—	4. 5	20. 4
21. 4	Cuculus can.	E. R.	18. 4	18. 4	16. 4	22. 4	25. 4	15. 4	27. 4	15. 4
27. 4	Sylvia lusc.	E. G.	—	30. 5	1. 5	18. 4	—	—	—	—
27. 4	Cypselus apus	Ank.	16. 4	28. 4	—	21. 4	—	—	—	22. 4
13. 5	Oriolus galb.	E. R.	—	19. 4	16. 5	4. 5	1. 5	—	—	—
—	Columba turt.	E. R.	21. 3	20. 4	9. 5	28. 4	—	20. 4	—	29. 3
31. 7	Cypselus apus	Wegz.	6. 8	20. 8	—	6. 8	—	—	—	20. 8
—	Ciconia alba	Wegz.	—	27. 8	—	20. 8	—	15. 9	—	—
bl. hier	Sturnus vulg.	Wegz.	14. 10	11.10	12. 8	25.10	—	—	17. 10	8. 9
26. 9	Hirundo rust.	Wegz.	15. 9	5.10	3. 10	12. 10	—	—	15. 9	8. 9
—	Milvus reg.	Wegz.	—	10. 10	15. 9	29. 10	—	—	—	8. 9

Insekten.

Mittlerer Eintritt der Beobachtung für Giessen.	Namen.	Zu beobachten.	Saalburg Th.	Sadlowo P.	Sassenberg P.	Saupark b. Springe P.	Scharfoldendorf Br.	Schirpitz P.	Schmiedefeld P.	Schönau i. W. B.
August	Gastr. pini	Auskr. d. R.	—	18. 8	—	—	—	Mitt. Juli	—	—
Ende Juni	„	Verp.	—	23. 6	—	—	—	Mitte Juni	—	—
Juli	„	Flugz.	—	29. 7	—	—	—	16. 7	—	—
April	Liparis mon.	Auskr. d. R.	—	16. 4	—	—	—	3. 4	—	—
Juni	„	Verp.	—	27. 6	—	—	—	5. 6	—	—
Juli-Aug.	„	Flugz.	—	5. 8	—	—	—	4. 7	—	—
Juli	Dasychira pud.	Auskr. d. R.	—	13. 7	—	—	—	—	—	—
Oktober	„	Verp.	—	7. 10	—	—	—	—	—	—
Mai-Juni	„	Flugz.	—	5. 6	—	—	—	—	—	—
Mai	Cnethocampa pr.	Auskr. d. R.	—	—	—	—	—	—	—	—
Juni	„	Verp.	—	—	—	—	—	—	—	—
August	„	Flugz.	—	—	—	—	—	—	—	—
Mai-Juni	Pissodes not.	Flugz.	—	19.4-Mitte Juli	—	—	—	—	—	—
April-Mai	Melolontha vulg.	Flugz.	Mai	2.5-Juni	Mai	1. 5-15. 5	—	4. 5	—	—
April-Juni	Hylobius abietis.	Flugz.	Mai-Juni	17.4-Mitte Juli	—	—	—	—	—	—
April-Juni	Bostrychus typ.	Flugz.	Mai-Juni	5. 4 Juli	—	—	—	—	17. 5	—
März-Mai	Hyelsinus pinip.	Flugz.	Apr. Mai	3. 4-Mai	—	—	—	13. 3	—	—

Vögel.

Mittlerer Eintritt der Beobachtung für Giessen.	Namen.	Zu beobachten.	Datum der Beobachtung im Jahre 1890 an den Stationen:							
			Schönmünzach W.	Schönwalde P.	Schoo P.	Schwarza P.	Schwickartshausen H.	Seega Th.	Siegburg P.	Sierck E.
—	Fringilla coel.	E. G.	15. 3	20. 3	5. 3	5. 3	21. 2	14. 3	10. 3	18. 2
18. 2	Turdus mer.	E. G.	12. 4	6. 4	10. 4	11. 3	24. 3	23. 3	8. 3	15. 3
21. 2	Alauda arv.	E. G.	—	14. 3	7. 3	8. 3	22. 2	12. 3	21. 2	17. 2
bl. hier	Sturnus vulg.	Ank.	21. 2	26. 2	26. 2	8. 3	24. 2	10. 3	10. 3	bl. hier
—	Milvus reg.	Ank.	—	20. 3	—	—	6. 3	13. 3	—	15. 3
1. 3	Motacilla alba	Ank.	9. 3	17. 3	18. 3	16. 3	16. 3	17. 3	10. 3	13. 3
7. 3	Ciconia alba	Ank.	—	30. 3	22. 3	—	19. 3	3. 4	—	16. 3
15. 3	Scolopax rust.	Ank.	—	21. 3	14. 3	—	11. 3 - 20. 3	17. 3	11. 3 · 8. 4	12. 3 - 6. 4
24. 3	Ruticilla tith.	Ank.	24. 3	16. 3	—	23. 3	19. 3	24. 3	25. 3	4. 4
17. 4	Hirundo rust.	Ank.	14. 4	17. 4	26. 4	19. 4	19. 4	8. 4	15. 4	6. 4
21. 4	Cuculus can.	E. R.	21. 4	18. 4	7. 5	1. 5	21. 4	18. 4	14. 4	7. 4
27. 4	Sylvia lusc.	E. G.	—	—	—	—	2. 4	17. 4	14. 4	23. 4
27. 4	Cypselus apus	Ank.	8. 5	30. 4	1. 5	—	20. 4	—	25. 4	5. 5
13. 5	Oriolus galb.	E. R.	—	2. 5	7. 5	—	—	8. 5	5. 5	1. 5
—	Columba turt.	E. R.	—	2. 5	7. 5	—	18. 5	2. 5	6. 5	29. 4
31. 7	Cypselus apus	Wegz.	18. 8	10. 8	17. 8	—	16. 8	—	3. 8	9. 8
—	Ciconia alba	Wegz.	—	15. 8	20. 8	—	16. 8	16. 8	—	—
bl. hier	Sturnus vulg.	Wegz.	18. 10	23. 9	4. 10	—	30. 8	25. 8	20. 9	—
26. 9	Hirundo rust.	Wegz.	6. 10	1. 10	12. 10	—	30. 9	28. 8	1. 10	29. 9
—	Milvus reg.	Wegz.	—	3. 10	—	—	29. 9	1. 10	—	15. 10

Insekten.

	Namen.	Zu beobachten.	Schönmünzach W.	Schönwalde P.	Schoo P.	Schwarza P.	Schwickartshausen H.	Seega Th.	Siegburg P.	Sierck E.
August	Gastr. pini	Auskr. d. R.	—	15. 8	—	—	—	—	—	—
Ende Juni	„	Verp.	—	13. 6	—	—	—	—	—	—
Juli	„	Flugz.	—	14. 7	—	—	12. 7	—	—	—
April	Liparis mon.	Auskr. d. R.	—	—	—	—	—	—	—	—
Juni	„	Verp.	—	—	—	—	—	—	—	—
Juli-Aug.	„	Flugz.	—	20. 7	—	—	—	—	—	—
Juli	Dasychira pud.	Auskr. d. R.	—	—	—	—	—	—	—	—
Oktober	„	Verp.	—	—	—	—	—	—	—	—
Mai-Juni	„	Flugz.	—	—	—	—	—	—	—	—
Mai	Cnethocampa pr.	Auskr. d. R.	—	—	—	—	—	—	—	—
Juni	„	Verp.	—	—	—	—	—	—	—	—
August	„	Flugz.	—	—	—	—	—	—	—	—
Mai-Juni	Pissodes not.	Flugz.	Mai-Juni	1. 6	28. 5	—	9. 5	—	—	—
April-Mai	Melolontha vulg.	Flugz.	—	3. 5	10. 5	—	10. 5	—	1. 5	22. 4 - 16. 5
April-Juni	Hylobius abietis	Flugz.	Juni	16. 4	18. 4	—	—	—	10. 5	—
April-Juni	Bostrychus typ.	Flugz.	Mai-Juni	—	—	—	—	—	—	—
März-Mai	Hylesinus pinip.	Flugz.	Apr-Mai	—	—	—	3. 5	—	15. 4	—

Vögel.

Mittlerer Eintritt der Beobachtung für Giessen.	Namen.	Zu beobachten.	Datum der Beobachtung im Jahre 1890 an den Stationen:							
			Sonnenberg P.	Staufen B.	Steinerkrug P.	Stockhausen H.	Tautenburg Th.	Thiengen B.	Thierenbach E.	Thomashuus P.
—	Fringilla coel.	E. G.	14. 3	8. 3	12. 3	15. 3	28. 4	28. 2	10. 3	2. 2
18. 2	Turdus mer.	E. G.	—	12. 3	12. 4	15. 3	—	12. 3	24. 3	3. 3
21. 2	Alauda arv.	E. G.	—	10. 3	28. 2	15. 3	2. 3	12. 3	7. 3	19. 2
bl. hier	Sturnus vulg.	Ank.	27. 3	8. 3	6. 3	10. 3	6. 3	27. 2	26. 2	24. 2
—	Milvus reg.	Ank.	—	13. 4	19. 3	12. 3	—	24. 3	26. 3	—
1. 3	Motacilla alba	Ank.	15. 3	10. 3	24. 3	16. 3	20. 3	20. 3	18. 3	—
7. 3	Ciconia alba	Ank.	—	—	2. 4	—	—	—	26. 3	30. 3
15. 3	Scolopax rust.	Ank.	—	März	22. 3 15. 11	24. 3 31. 3	22. 3	25. 3	20. 3	12. 3
24. 3	Ruticilla tith.	Ank.	5. 4	23. 3	—	30. 3	7. 4	25. 3	26. 3	5. 5
17. 4	Hirundo rust.	Ank.	10. 5	5. 4	27. 4	10. 4	21. 5	1. 4	14. 4	—
21. 4	Cuculus can.	E. R.	28. 4	13. 4	19. 4	18. 4	15. 4	5. 4	29. 4	5. 5
27. 4	Sylvia lusc.	E. G.	—	—	6. 5	—	28. 4	—	17. 4	16. 5
27. 4	Cypselus apus	Ank.	—	27. 4	10. 5	15. 5	21. 5	25. 4	1. 5	3. 5
13. 5	Oriolus galb.	E. R.	—	3. 5	12. 5	12. 5	5. 5	6. 5	13. 5	20. 5
—	Columba turt.	E. R.	—	29. 3	10. 5	10. 5	8. 5	—	18. 5	—
31. 7	Cypselus apus	Wegz.	—	4. 8	12. 8	10. 9	16. 8	29. 8	8. 8	—
—	Ciconia alba	Wegz.	—	—	10. 9	—	—	—	5. 8	30. 8
bl. hier	Sturnus vulg.	Wegz.	—	—	20. 9	—	7. 8	—	10. 8	20. 10
26. 9	Hirundo rust.	Wegz.	—	20. 9	1. 10	25. 9	11. 9	25. 9	29. 9	—
—	Milvus reg.	Wegz.	—	—	—	10. 10	—	—	24. 9	—

Insekten.

Mittlerer Eintritt der Beobachtung für Giessen.	Namen.	Zu beobachten.	Sonnenberg P.	Staufen B.	Steinerkrug P.	Stockhausen H.	Tautenburg Th.	Thiengen B.	Thierenbach E.	Thomashuus P.
August	Gastr. pini	Auskr. d R·	—	—	—	—	—	—	—	—
Ende Juni	„	Verp.	—	—	—	—	—	—	—	—
Juli	„	Flugz.	—	—	—	—	—	—	—	—
April	Liparis mon.	Auskr. d.R.	—	—	—	—	—	—	—	—
Juni	„	Verp.	—	—	—	—	—	—	—	—
Juli - Aug.	„	Flugz.	—	—	—	—	—	—	—	—
Juli	Dasychira pud.	Auskr. d.R.	—	—	—	—	—	—	—	—
Oktober	„	Verp.	—	—	—	—	—	—	—	—
Mai-Juni	„	Flugz.	—	—	—	—	—	—	—	—
Mai	Cnethocampa pr.	Auskr. d.R.	—	—	—	—	—	—	—	—
Juni	„	Verp.	—	—	—	—	—	—	—	—
August	„	Flugz.	—	—	—	—	—	—	—	—
Mai-Juni	Pissodes not.	Flugz.	—	—	—	—	—	—	—	—
April - Mai	Melolontha vulg.	Flugz.	—	Mai	10. 5	—	—	April-Mai	—	7. 5
April-Juni	Hylobius abietis	Flugz.	—	—	—	—	—	—	—	—
April-Juni	Bostrychus typ.	Flugz.	12. 5	—	Anfang Mai	—	—	—	—	—
März-Mai	Hylesinus pinip.	Flugz.	—	—	—	—	—	—	—	—

Vögel.

Mittlerer Eintritt der Beobachtung für Giessen.	Namen.	Zu beobachten.	Todtenrode Br.	Todtnau B.	Torgelow P.	Tornau P.	Tuttlingen W.	Ullersdorf P.	Urbeis E.	Viernheim H.
—	Fringilla coel.	E. G.	—	—	19.3	12.3	—	16.3	7.3	11.3
18.2	Turdus mer.	E. G.	—	—	27.3	19.3	—	—	12.4	15.3
21.2	Alauda arv.	E. G.	—	—	13.3	8.3	9.3	15.3	—	20.2
bl. hier	Sturnus vulg.	Ank.	10.3	—	11.3	6.3	27.2	15.3	—	18.2
—	Milvus reg.	Ank.	2.4	—	28.3	18.3	—	—	31.3	24.3
1.3	Motacilla alba	Ank.	28.3	—	18.3	11.3	—	20.3	7.3	12.3
7.3	Ciconia alba	Ank.	—	—	14.3	16.3	—	26.3	—	14.3
15.3	Scolopax rust.	Ank.	—	—	13.3 - 2.4	15.3 - 25.9	—	—	—	18.3
24.3	Ruticilla tith.	Ank.	—	—	4.4	25.3	—	10.4	29.3	13.3
17.4	Hirundo rust.	Ank.	—	—	22.4	16.3	—	15.4	19.4	1.5
21.4	Cuculus can.	E. R.	16.4	—	26.4	18.4	16.4	28.4	14.4	6.4
27.4	Sylvia lusc.	E. G.	—	—	—	29.4	—	—	—	—
27.4	Cypselus apus	Ank.	—	—	20.5	12.4	—	—	—	—
13.5	Oriolus galb.	E. R.	—	—	3.5	28.4	—	—	—	21.4
—	Columba turt.	E. R.	2.4	—	—	6.5	—	—	—	22.4
31.7	Cypselus apus	Wegz.	—	—	27.8	25.8	—	—	—	—
—	Ciconia alba	Wegz.	—	—	20.8	24.8	—	—	—	29.8
bl. hier	Sturnus vulg.	Wegz.	18.9	—	15.9	26.8	27.10	22.9	—	—
26.9	Hirundo rust.	Wegz.	—	—	2.10	5.9	—	1.10	—	29.8
—	Milvus reg.	Wegz.	22.9	—	10.9	—	—	—	—	—

Insekten.

Mittlerer Eintritt der Beobachtung für Giessen.	Namen.	Zu beobachten.	Todtenrode Br.	Todtnau B.	Torgelow P.	Tornau P.	Tuttlingen W.	Ullersdorf P.	Urbeis E.	Viernheim H.
August	Gastr. pini	Auskr.d.R.	—	—	—	—	—	—	—	—
Ende Juni	„	Verp.	—	—	—	—	—	—	—	—
Juli	„	Flugz.	—	—	—	—	—	—	—	—
April	Liparis mon.	Auskr.d.R.	—	—	27.4	—	—	—	—	Anfang Mai
Juni	„	Verp.	—	—	16.6	—	—	—	—	—
Juli-Aug.	„	Flugz.	—	—	20.7	—	End. Juli -10.8	—	—	—
Juli	Dasychira pud.	Auskr.d.R.	—	—	—	—	—	—	—	—
Oktober	„	Verp.	—	—	—	—	—	—	—	—
Mai-Juni	„	Flugz.	—	—	—	—	—	—	—	—
Mai	Cnethocampa pr.	Auskr.d.R.	—	—	—	—	—	—	—	—
Juni	„	Verp.	—	—	—	—	—	—	—	—
August	„	Flugz.	—	—	—	—	—	—	—	—
Mai-Juni	Pissodes not.	Flugz.	—	—	19.5	—	—	—	Mai-Juli	—
April-Mai	Melolontha vulg.	Flugz.	—	—	—	—	—	—	—	10.5 - 28.5
April-Juni	Hylobius abietis	Flugz.	—	—	20.4	—	8.5 - Juli	25.4 - 1.10	Mai-Juli	—
April-Juni	Bostrychus typ.	Flugz.	—	—	—	—	—	Juni-Septbr.	—	—
März-Mai	Hylesinus pinip.	Flugz.	—	—	17.3	—	—	Juni-Septbr.	—	—

Vögel.

Mittlerer Eintritt der Beobachtung für Giessen.	Namen.	Zu beobachten.	Datum der Beobachtung im Jahre 1890 an den Stationen:							
			Villingen B.	Wahlen i. Oberhessen H.	Wahlen i. Odenwald H.	Waldkirch B.	Wald-Michelbach H.	Walscheid E.	Wardböhmen P.	Weimar Th.
—	Fringilla coel.	E. G.	14. 3	12. 3	9. 3	5. 2	—	22. 2	12. 3	—
18. 2	Turdus mer.	E. G.	10. 3	26. 2	17. 3	15. 3	—	10. 3	25. 3	15. 3
21. 2	Alauda arv.	E. G.	12. 3	10. 3	27. 2	—	—	2. 3	12. 3	9. 3
bl. hier	Sturnus vulg.	Ank.	25. 2	25. 1	14. 2	18. 2	—	13. 2	7. 2	9. 3
—	Milvus reg.	Ank.	26. 2	4. 3	26. 3	—	—	18. 3	—	—
1. 3	Motacilla alba	Ank.	15. 3	12. 3	16. 3	—	—	14. 3	16. 3	17. 3
7. 3	Ciconia alba	Ank.	6. 4	—	—	26. 3	—	—	—	17. 3
15. 3	Scolopax rust.	Ank.	—	22. 3	—	20. 3	—	16. 3	—	17. 3-25. 3
24. 3	Ruticilla tith.	Ank.	6. 4	1. 4	29. 3	1. 4	—	26. 3	7. 4	31. 3
17. 4	Hirundo rust.	Ank.	23. 4	16. 4	14. 4	—	—	1. 4	7. 4	16. 4
21. 4	Cuculus can.	E. R.	26. 4	13. 4	14. 4	—	8. 4	9. 4	29. 4	20. 4
27. 4	Sylvia lusc.	E. G.	—	—	—	—	—	—	—	4. 5
27. 4	Cypselus apus	Ank.	1. 5	2. 5	—	—	—	4. 5	30. 4	—
13. 5	Oriolus galb.	E. R.	—	17. 5	—	—	—	22. 5	—	4. 5
—	Columba turt.	E. R.	—	10. 4	5. 5	—	—	7. 5	1. 5	10. 5
31. 7	Cypselus apus	Wegz.	10. 9	3. 8	—	—	—	21. 8	—	—
—	Ciconia alba	Wegz.	29. 8	—	—	—	—	—	—	—
bl. hier	Sturnus vulg.	Wegz.	10. 10	24. 11	27. 8	—	—	28. 9	—	10. 10
26. 9	Hirundo rust.	Wegz.	10. 9	21. 9	30. 9	—	—	29. 9	—	5. 10
—	Milvus reg.	Wegz.	16. 10	18. 11	—	—	—	10. 9	—	—

Insekten.

Mittlerer Eintritt der Beobachtung für Giessen.	Namen.	Zu beobachten.	Villingen B.	Wahlen i. Oberhessen H.	Wahlen i. Odenwald H.	Waldkirch B.	Wald-Michelbach H.	Walscheid E.	Wardböhmen P.	Weimar Th.
August	Gastr. pini	Auskr. d.R.	—	—	—	—	—	—	—	—
Ende Juni	„	Verp.	—	—	—	—	—	—	—	—
Juli	„	Flugz.	—	—	—	—	—	—	—	—
April	Liparis mon.	Auskr. d.R.	—	—	—	—	—	—	—	—
Juni	„	Verp.	—	—	—	—	—	—	16. 7	—
Juli-Aug.	„	Flugz.	—	—	—	—	—	—	5. 8	—
Juli	Dasychira pud.	Auskr. d.R.	—	—	—	—	—	—	—	—
Oktober	„	Verp.	—	—	—	—	—	—	—	—
Mai-Juni	„	Flugz.	—	—	—	—	—	—	—	—
Mai	Cnethocampa pr.	Auskr. d.R.	—	—	—	—	—	—	—	—
Juni	„	Verp.	—	—	—	—	—	—	—	—
August	„	Flugz.	—	—	—	—	—	—	—	—
Mai-Juni	Pissodes not.	Flugz.	—	—	—	—	—	Juni-E. Juli	—	—
April-Mai	Melolontha vulg.	Flugz.	—	—	Mai-Juni	—	—	—	6. 5	Mitte Mai
April-Juni	Hylobius abietis	Flugz.	—	—	—	—	—	E. Mai-Juli	7. 5	—
April-Juni	Bostrychus typ.	Flugz.	—	—	—	—	—	—	—	—
März-Mai	Hylesinus pinip.	Flugz.	—	—	—	—	—	Apr-Juni	—	—

Vögel.

Mittlerer Eintritt der Beobachtung für Giessen.	Namen.	Zu beob-achten.	Weinheim B.	Weissenau W.	Weissenburg Th.	Wembach H.	Wenings H.	Wildberg W.	Winnenden W.	Wolfgang b. H. P.
—	Fringilla coel.	E. G.	17. 2	28. 2	14. 3	8. 3	—	11. 3	24. 2	14. 3
18. 2	Turdus mer.	E. G.	1. 3	18. 3	—	24. 3	12. 3	24. 3	12. 3	10. 3
21. 2	Alauda arv.	E. G.	22. 2	7. 3	12. 3	3. 3	—	10. 3	—	14. 3
bl. hier	Sturnus vulg.	Ank.	25. 2	3. 2	11. 3	18. 1	—	17. 2	23. 2	bl. hier
—	Milvus reg.	Ank.	10. 3	15. 3	—	3. 4	—	19. 3	24. 3	18. 3
1. 3	Motacilla alba	Ank.	3. 3	21. 2	14. 4	15. 3	15. 3	13. 3	15. 3	12. 3
7. 3	Ciconia alba	Ank.	11. 3	10. 4	—	—	—	—	17. 3	6. 3
15. 3	Scolopax rust.	Ank.	7.3-24.3	20. 3 - 15. 11	—	19. 3- 30. 3	—	20. 3	20. 3 - 17. 4	12.3 -1.4
24. 3	Ruticilla tith.	Ank.	22. 3	2. 4	18. 4	20. 3	29. 3	29. 3	29. 3	17. 3
17. 4	Hirundo rust.	Ank.	8. 4	9. 4	—	3. 4	14. 4	25. 4	21. 4	3. 4
21. 4	Cuculus can.	E. R.	12. 4	16. 4	18. 4	16. 4	15. 4	16. 4	7. 4	10. 4
27. 4	Sylvia lusc.	E. G.	20. 4	—	—	—	—	—	—	—
27. 4	Cypselus apus	Ank.	20. 4	25. 4	20. 4	1. 5	—	—	24. 4	23. 4
13. 5	Oriolus galb.	E. R.	27. 4	7. 5	—	6. 5	—	13. 5	28. 4	29. 4
—	Columba turt.	E. R.	27. 4	—	7. 5	29. 4	—	28. 5	9. 5	13. 5
31. 7	Cypselus apus	Wegz.	13. 9	4. 8	20. 9	27. 7	—	—	27. 7	4. 8
—	Ciconia alba	Wegz.	20. 9	—	—	—	—	—	19. 8	—
bl. hier	Sturnus vulg.	Wegz.	20. 10	23. 10	19. 10	1. 11	—	10. 9	16. 10	—
26. 9	Hirundo rust.	Wegz.	22. 10	23. 9	29. 9	27. 9	—	—	10. 9	2. 10
—	Milvus reg.	Wegz.	25. 10	—	—	—	—	13. 9	—	—

Insekten.

Mittlerer Eintritt der Beobachtung für Giessen.	Namen.	Zu beob-achten.	Weinheim B.	Weissenau W.	Weissenburg Th.	Wembach H.	Wenings H.	Wildberg W.	Winnenden W.	Wolfgang b. H. P.
August	Gastr. pini	Auskr.d.R.	—	—	—	—	—	—	—	—
Ende Juni	„	Verp.	—	—	—	—	—	—	—	—
Juli	„	Flugz.	—	—	—	—	—	—	—	—
April	Liparis mon.	Auskr.d.R.	—	—	—	—	—	—	—	—
Juni	„	Verp.	—	1. 7	—	—	—	—	—	—
Juli-Aug.	„	Flugz.	—	31. 7- 5. 8	—	—	—	—	—	—
Juli	Dasychira pud.	Auskr.d.R.	—	—	—	—	—	—	—	—
Oktober	„	Verp.	—	—	—	—	—	—	—	—
Mai-Juni	„	Flugz.	—	—	—	—	—	—	—	—
Mai	Cnethocampa pr.	Auskr. d.R.	—	—	—	—	—	—	—	—
Juni	„	Verp.	—	—	—	—	—	—	—	—
August	„	Flugz.	—	—	—	—	—	—	—	—
Mai-Juni	Pissodes not.	Flugz.	—	—	—	—	—	—	—	—
April-Mai	Melolontha vulg.	Flugz.	—	—	27. 5	—	—	—	Anfg. Mai	—
April-Juni	Hylobius abietis	Flugz.	—	—	—	—	—	—	—.	—
April-Juni	Bostrychus typ.	Flugz.	—	—	—	—	—	—	—	—
März-Mai	Hylesinus pinip.	Flugz.	—	—	—	—	—	—	—	15. 3

Vögel.

Mittlerer Eintritt der Beobachtung für Giessen.	Namen.	Zu beobachten.	Datum der Beobachtung im Jahre 1890 an den Stationen:						
			Woltersdorf b.L. P.	Wünnenberg P.	Wurzbach Th.	Zaiserweiher W.	Zerrin P.		
—	Fringilla coel.	E. G.	Anfang März	12. 3	13. 3	10. 2	10. 3		
18. 2	Turdus mer.	E. G.	18. 3	13. 3	—	15. 3	30. 3		
21. 2	Alauda arv.	E. G.	10. 3	26. 2	7. 3	20. 2	—		
bl. hier	Sturnus vulg.	Ank.	11. 3	bl. hier	26. 2	20. 2	12. 3		
—	Milvus reg.	Ank.	18. 3	28. 3	—	27. 2	25. 3		
1. 3	Motacilla alba	Ank.	13. 3	17. 3	12. 3	10. 3	21. 3		
7. 3	Ciconia alba	Ank.	—	—	—	12. 3	24. 4		
15. 3	Scolopax rust.	Ank.	—	27. 3 - 5. 10	6. 4	10. 3	28. 3 - 2. 10		
24. 3	Ruticilla tith.	Ank.	—	18. 3	27. 3	22. 3	15. 4		
17. 4	Hirundo rust.	Ank.	6. 4	6. 4	27. 4	30. 3	2. 5		
21. 4	Cuculus can.	E. R.	19. 4	16. 4	17. 4	8. 4	28. 4		
27. 4	Sylvia lusc.	E. G.	17. 4	—	—	28. 4	26. 5		
27. 4	Cypselus apus	Ank.	—	—	20. 4	—	26. 4		
13. 5	Oriolus galb.	E. R.	2. 5	—	—	10. 5	20. 5		
—	Columba turt.	E. R.		6. 5	10. 4	10. 5	2. 5		
31. 7	Cypselus apus	Wegz.	—	—	—	—	1. 9		
—	Ciconia alba	Wegz.	—	—	—	12. 8	25. 8		
bl. hier	Sturnus vulg.	Wegz.	—	27. 11	14. 10	20. 10	20. 10		
26. 9	Hirundo rust.	Wegz.	Anfang Oktbr.	—	8. 10	14. 9	10 10		
—	Milvus reg.	Wegz.	—	18. 11	—	10. 10	8. 10		

Insekten.

			Woltersdorf b.L. P.	Wünnenberg P.	Wurzbach Th.	Zaiserweiher W.	Zerrin P.		
August	Gastr. pini	Auskr. d.R.	—	—	—	—	15. 8		
Ende Juni	„	Verp.	Juni	—	—	—	26. 6		
Juli	„	Flugz.	Juli-August	—	—	—	25. 7		
April	Liparis mon.	Auskr. d.R.	—	—	—	April	4. 4		
Juni	„	Verp.	—	—	—	Juni	20. 6		
Juli-Aug.	„	Flugz.	Juli-August	—	—	Juli-Aug	14. 7		
Juli	Dasychira pud.	Auskr. d.R.	—	—	—	—	8. 7		
Oktober	„	Verp.	—	—	—	—	11. 10		
Mai-Juni	„	Flugz.	—	—	—	Juni-Juli	28. 6		
Mai	Cnethocampa pr.	Auskr. d.R.	—	—	—	Mai	16. 5		
Juni	„	Verp.	—	—	—	Juni	8. 6		
August	„	Flugz.	—	—	—	Aug.	6. 8		
Mai-Juni	Pissodes not.	Flugz.	Mai	—	—	—	25. 5		
April-Mai	Melolontha vulg.	Flugz.	Apr-Mai	—	—	29. 4 - Juli	14. 4		
April-Juni	Hylobius abietis	Flugz.	Apr-Mai	—	Mai	Apr-Juni	26. 4		
April-Juni	Bostrychus typ.	Flugz.	—	—	April	—	20. 4		
März-Mai	Hylesinus pinip.	Flugz.	Mrz-Apr	—	—	Mrz-Mai	26. 3		

IV. Bericht über den Ausfall der Holzsamenernte.

Für einzelne, dazu gerade Hauptholzarten, war der Verlauf der Jahreswitterung nach einer der Blüthenbildung ganz ausserordentlich günstigen Frühjahrsperiode insofern ein ungünstiger, als die diesmal sehr spät eintretenden und ausserdem ziemlich heftigen Spätfröste, sowie die hierauf folgende, den ganzen Juni und Juli andauernde kühle und regnerische Witterung die reichlich vorhandenen Blüthen resp. Fruchtansätze entweder überhaupt völlig vernichteten oder doch grossentheils nicht zur Weiterentwickelung kommen liessen, während die trotz alledem weitergebildeten Samen durch ziemlich zeitig auftretende Frühfröste an dem Ausreifen behindert wurden. In hervorragendem Masse gilt dies von den eine gewisse Wärmesumme zur Fruchtreife benöthigenden Hölzern, speziell von Eiche und Buche; doch wird betreffs des geringen Ausfalls der Eichelmast auch vielfach dem in diesem Jahre des öfteren als äusserst häufig gemeldeten Eichenwickler (tortrix viridana L.) mit Schuld beigemessen, ja sogar derselbe von manchen allein dafür verantwortlich gemacht. Im grossen Ganzen ist jedoch, wie aus den folgenden Tabellen hervorgeht, die diesjährige Holzsamenernte als eine mittlere, vielleicht noch etwas über dem Mittel stehende, zu bezeichnen.

Im Einzelnen lieferte von den Laubhölzern eine reichliche Ernte die Hainbuche mit 72% „Gut" und „Mittel" (vgl. Tabelle). Befriedigend stehen Schwarzerle; Birke, Bergahorn und Spitzahorn mit je 57, 52, 50 und 47% Gut und Mittel. Mittleren Ertrag gaben Esche, Bergrüster und Flatterrüster mit 38, 37 und 36%, als ziemlich gering (nur 15% Gut und Mittel) ist, wie schon oben angezogen, der Samenausfall bei Buche zu verzeichnen, und als sehr gering bei Stiel- und Traubeneiche, welche beide nur je 7% der Gesammtnotirungen als gute und Mittelernten aufzuweisen vermögen.

Bezüglich der Nadelhölzer steht die Fichte mit ziemlich guter (zum Theil reichlicher) Samenernte (42% Gut und Mittel) obenan. An sie reiht sich mit befriedigendem Ergebniss die Weisstanne (40% Gut und Mittel). Mittlere Erträge hatten Weymouthskiefer und gem. Kiefer mit 31 bezw. 27% Gut und Mittel. Am tiefsten steht die Lärche mit nur 12% Mittelernten gegen 88% Gering und Null.

Beobachtungsgebiet	Gut		Mittel		Gering		Null		Summa pro Gebiet	
	ab-solut	in % d. Sa.	ab-solut	in % d. Sa.	ab-solut	in % d. Sa.	ab-solut	in % d. Sa.	ab-solut	in % d. Sa.

1. Stieleiche.

Beobachtungsgebiet	ab-solut	in % d. Sa.	ab-solut	in % d. Sa.	ab-solut	in % d. Sa.	ab-solut	in % d. Sa.	ab-solut	in % d. Sa.
Baden	—	—	1	6	11	61	6	33	18	100
Braunschweig	1	12	1	12	2	25	4	51	8	100
Elsass-Lothringen	—	—	1	7	8	53	6	40	15	100
Hessen	—	—	1	4	9	39	13	57	23	100
Preussen	2	2	6	7	24	29	50	62	82	100
Thüringen	—	—	—	—	5	45	6	55	11	100
Württemberg	—	—	1	5	12	60	7	35	20	100
Summe	3	1	11	6	71	40	92	53	177	100

2. Traubeneiche.

Beobachtungsgebiet	ab-solut	in % d. Sa.	ab-solut	in % d. Sa.	ab-solut	in % d. Sa.	ab-solut	in % d. Sa.	ab-solut	in % d. Sa.
Baden	—	—	1	6	10	63	5	31	16	100
Braunschweig	1	14	1	14	1	14	4	58	7	100
Elsass-Lothringen	—	—	1	7	8	57	5	36	14	100
Hessen	—	—	1	5	6	31	12	64	19	100
Preussen	2	3	3	4	20	31	41	62	66	100
Thüringen	—	—	—	—	4	50	4	50	8	100
Württemberg	1	5	1	5	11	59	6	31	19	100
Summe	4	2	8	5	60	41	77	52	149	100

3. Buche.

Beobachtungsgebiet	ab-solut	in % d. Sa.	ab-solut	in % d. Sa.	ab-solut	in % d. Sa.	ab-solut	in % d. Sa.	ab-solut	in % d. Sa.
Baden	—	—	—	—	4	19	17	81	21	100
Braunschweig	6	67	—	—	3	33	—	—	9	100
Elsass-Lothringen	—	—	—	—	4	28	10	72	14	100
Hessen	—	—	—	—	15	63	9	37	24	100
Preussen	8	11	12	17	35	50	15	22	70	100
Thüringen	1	6	1	6	11	64	4	24	17	100
Württemberg	—	—	—	—	5	21	19	79	24	100
Summe	15	8	13	7	77	43	74	42	179	100

4. Bergahorn.

Beobachtungsgebiet	ab-solut	in % d. Sa.	ab-solut	in % d. Sa.	ab-solut	in % d. Sa.	ab-solut	in % d. Sa.	ab-solut	in % d. Sa.
Baden	4	27	5	33	4	27	2	13	15	100
Braunschweig	2	50	1	25	1	25	—	—	4	100
Elsass-Lothringen	2	22	2	22	4	45	1	11	9	100
Hessen	1	8	4	31	3	23	5	38	13	100
Preussen	8	18	21	49	10	24	4	9	43	100
Thüringen	1	9	2	18	6	55	2	18	11	100
Württemberg	—	—	6	27	7	32	9	41	22	100
Summe	18	15	41	35	35	30	23	20	117	100

Beobachtungsgebiet	Gut		Mittel		Gering		Null		Summa pro Gebiet	
	absolut	in % d. Sa.	absolut	in % d. Sa.	absolut	in % d. Sa.	absolut	in % d. Sa.	absolut	in % d. Sa.

5. Spitzahorn.

Beobachtungsgebiet	Gut abs.	in %	Mittel abs.	in %	Gering abs.	in %	Null abs.	in %	Summa abs.	in %
Baden	1	8	7	58	2	17	2	17	12	100
Braunschweig	3	60	1	20	1	20	—	—	5	100
Elsass-Lothringen	2	25	1	12	4	51	1	12	8	100
Hessen	1	8	3	26	4	33	4	33	12	100
Preussen	5	12	19	47	12	29	5	12	41	100
Thüringen	2	22	1	11	5	56	1	11	9	100
Württemberg	—	—	3	18	3	18	11	64	17	100
Summe	14	14	35	33	31	30	24	23	104	100

6. Esche.

Beobachtungsgebiet	Gut abs.	in %	Mittel abs.	in %	Gering abs.	in %	Null abs.	in %	Summa abs.	in %
Baden	5	29	5	29	5	29	2	13	17	100
Braunschweig	1	25	1	25	1	25	1	25	4	100
Elsass-Lothringen	2	15	3	23	6	47	2	15	13	100
Hessen	1	8	3	25	2	17	6	50	12	100
Preussen	1	2	17	32	23	41	14	25	55	100
Thüringen	2	20	1	10	3	30	4	40	10	100
Württemberg	1	5	6	31	7	37	5	27	19	100
Summe	13	10	36	28	47	36	34	26	130	100

7. Bergrüster.

Beobachtungsgebiet	Gut abs.	in %	Mittel abs.	in %	Gering abs.	in %	Null abs.	in %	Summa abs.	in %
Baden	2	22	—	—	3	33	4	45	9	100
Braunschweig	1	50	1	50	—	—	—	—	2	100
Elsass-Lothringen	2	22	2	22	2	22	3	34	9	100
Hessen	—	—	1	17	1	17	4	66	6	100
Preussen	4	19	5	24	7	33	5	24	21	100
Thüringen	—	—	1	$33\frac{1}{3}$	1	$33\frac{1}{3}$	1	$33\frac{1}{3}$	3	100
Württemberg	1	7	4	29	3	21	6	43	14	100
Summe	10	15	14	22	17	27	23	36	64	100

8. Flatterrüster.

Beobachtungsgebiet	Gut abs.	in %	Mittel abs.	in %	Gering abs.	in %	Null abs.	in %	Summa abs.	in %
Baden	1	17	—	—	2	33	3	50	6	100
Braunschweig	1	50	1	50	—	—	—	—	2	100
Elsass-Lothringen	1	20	2	40	2	40	—	—	5	100
Hessen	—	—	1	20	—	—	4	80	5	100
Preussen	5	22	4	18	9	42	4	18	22	100
Thüringen	—	—	1	50	—	—	1	50	2	100
Württemberg	1	10	1	10	2	20	6	60	10	100
Summe	9	17	10	19	15	29	18	35	52	100

Beobachtungsgebiet	Gut		Mittel		Gering		Null		Summa pro Gebiet	
	absolut	in % d. Sa.	absolut	in % d. Sa.	absolut	in % d. Sa.	absolut	in % d. Sa.	absolut	in % d. Sa.

9. Hainbuche.

Beobachtungsgebiet	Gut		Mittel		Gering		Null		Summa pro Gebiet	
Baden	10	57	2	11	3	16	3	16	18	100
Braunschweig	4	80	—	—	1	20	—	—	5	100
Elsass-Lothringen	5	38	4	31	3	23	1	8	13	100
Hessen	7	41	2	12	2	12	6	35	17	100
Preussen	36	51	23	32	9	13	3	4	71	100
Thüringen	5	45	5	45	—	—	1	10	11	100
Württemberg	4	18	6	27	7	32	5	23	22	100
Summe	71	45	42	27	25	16	19	12	157	100

10. Birke.

Beobachtungsgebiet	Gut		Mittel		Gering		Null		Summa pro Gebiet	
Baden	1	8	2	16	5	38	5	38	13	100
Braunschweig	2	50	1	25	1	25	—	—	4	100
Elsass-Lothringen	4	34	1	8	6	50	1	8	12	100
Hessen	1	6	8	47	3	18	5	29	17	100
Preussen	9	11	37	47	28	35	6	7	80	100
Thüringen	2	17	7	58	1	8	2	17	12	100
Württemberg	1	5	6	27	9	41	6	27	22	100
Summe	20	13	62	39	53	32	25	16	160	100

11. Schwarzerle.

Beobachtungsgebiet	Gut		Mittel		Gering		Null		Summa pro Gebiet	
Baden	4	33	5	42	—	—	3	25	12	100
Braunschweig	1	$33^1/_3$	1	$33^1/_3$	1	$33^1/_3$	—	—	3	100
Elsass-Lothringen	2	14	8	58	4	28	—	—	14	100
Hessen	2	14	5	36	5	36	2	14	14	100
Preussen	10	15	27	40	24	35	7	10	68	100
Thüringen	4	37	3	27	1	9	3	27	11	100
Württemberg	1	6	6	35	6	35	4	24	17	100
Summe	24	17	55	40	41	29	19	14	139	100

12. Kiefer.

Beobachtungsgebiet	Gut		Mittel		Gering		Null		Summa pro Gebiet	
Baden	1	6	2	11	11	61	4	22	18	100
Braunschweig	—	—	—	—	—	—	—	—	—	100
Elsass-Lothringen	—	—	6	46	5	39	2	15	13	100
Hessen	—	—	3	15	13	65	4	20	20	100
Preussen	1	1	22	31	39	56	9	12	71	100
Thüringen	—	—	2	17	8	66	2	17	12	100
Württemberg	—	—	5	25	8	40	7	35	20	100
Summe	2	1	40	26	84	55	28	18	154	100

Beobachtungsgebiet	Gut		Mittel		Gering		Null		Summa pro Gebiet	
	Zahl der Beobachtungen									
	ab-solut	in % d. Sa.	ab-solut	in % d. Sa	ab-solut	in % d. Sa.	ab-solut	in % d. Sa.	ab-solut	in % d. Sa.

13. Fichte.

Beobachtungsgebiet	absolut	in %	absolut	in %	absolut	in %	absolut	in %	absolut	in %
Baden	—	—	—	—	11	61	7	39	18	100
Braunschweig	5	62	2	25	1	13	—	—	8	100
Elsass-Lothringen	1	8	2	17	6	50	3	25	12	100
Hessen	1	5	8	40	10	50	1	5	20	100
Preussen	21	31	21	31	19	29	6	9	67	100
Thüringen	1	7	4	26	9	60	1	7	15	100
Württemberg	—	—	2	9	12	52	9	39	23	100
Summe	29	18	39	24	68	42	27	16	163	100

14. Weisstanne.

Beobachtungsgebiet	absolut	in %	absolut	in %	absolut	in %	absolut	in %	absolut	in %
Baden	1	6	6	35	9	53	1	6	17	100
Braunschweig	—	—	—	—	1	100	—	—	1	100
Elsass-Lothringen	1	11	4	45	2	22	2	22	9	100
Hessen	—	—	5	38	3	24	5	38	13	100
Preussen	5	20	6	24	5	20	9	36	25	100
Thüringen	1	14	2	29	3	43	1	14	7	100
Württemberg	—	—	4	25	7	44	5	31	16	100
Summe	8	9	27	31	30	34	23	26	88	100

15. Lärche.

Beobachtungsgebiet	absolut	in %	absolut	in %	absolut	in %	absolut	in %	absolut	in %
Baden	—	—	3	27	3	27	5	46	11	100
Braunschweig	—	—	1	50	1	50	—	—	2	100
Elsass-Lothringen	—	—	1	17	4	66	1	17	6	100
Hessen	—	—	1	6	9	50	8	44	18	100
Preussen	—	—	6	13	27	56	15	31	48	100
Thüringen	—	—	2	18	7	64	2	18	11	100
Württemberg	—	—	—	—	5	29	12	71	17	100
Summe	—	—	14	12	56	50	43	38	113	100

16. Weymouthskiefer.

Beobachtungsgebiet	absolut	in %	absolut	in %	absolut	in %	absolut	in %	absolut	in %
Baden	1	14	2	29	1	14	3	43	7	100
Braunschweig	—	—	—	—	—	—	—	—	—	—
Elsass-Lothringen	—	—	—	—	2	100	—	—	2	100
Hessen	—	—	9	60	4	27	2	13	15	100
Preussen	1	6	4	24	6	35	6	35	17	100
Thüringen	—	—	1	17	3	50	2	33	6	100
Württemberg	1	7	—	—	3	21	10	72	14	100
Summe	3	5	16	26	19	31	23	38	61	100

V. Bemerkungen über das Vorkommen der wichtigsten forstschädlichen Insekten.

Zunächst geben wir wie früher im Allgemeinen eine Uebersicht der sich für die verschiedenen Beobachtungsgebiete ergebenden Zahl der Beobachtungsorte, an denen das betreffende Insekt „zahlreich" oder „mässig" aufgetreten ist.

Beobachtungsgebiet	Gastropacha pini		Liparis monacha		Dasychira pudibunda		Cnethocampa processionea		Pissodes notatus		Melolontha vulgaris		Hylobius abietis		Bostrychus typographus		Hylesinus piniperda	
	Zahlreich	Mässig	Zahlreich	Mässig	Zahlreich	Mässig	Zahlreich	Mässig	Zahlreich	Mässig	Zahlreich	Mässig	Zahlreich	Mässig	Zahlreich	Mässig	Zahlreich	Mässig
Baden	1	—	—	. 4	—	—	1	—	—	—	2	7	2	—	—	—	—	1
Braunschweig	—	—	—	1	—	—	—	—	1	—	—	6	1	4	—	4	—	1
Elsass-Lothr.	—	2	—	1	—	2	—	1	2	2	3	10	5	3	1	1	1	6
Hessen	—	2	1	3	—	1	—	—	—	2	8	11	1	1	—	1	—	2
Preussen	6	16	8	11	—	5	1	2	8	8	13	42	19	26	5	19	16	20
Thüringen	—	1	—	1	—	—	—	—	1	3	1	9	4	7	—	8	2	6
Württemberg	—	—	3	3	—	1	—	3	—	2	6	12	3	5	1	2	2	3
	7	21	12	24	—	9	2	6	12	17	33	97	35	46	7	35	21	39

Hieraus ergiebt sich nach der Häufigkeit des Auftretens für die angeführten Insekten die Reihenfolge: 1) Melolontha vulgaris, 2) Hylobius abietis, 3) Hylesinus piniperda, 4) Bostrychus typographus, 5) Liparis monacha, 6) Pissodes notatus, 7) Gastropacha pini, 8) Dasychira pudibunda, 9) Cnethocampa processionea. — Im Vergleiche zu den vorjährigen Angaben ist bei Melolontha vulgaris eine Vermehrung der Fälle zu constatiren, in denen das Insekt „zahlreich" aufgetreten ist, im Uebrigen sind die Zahlenverhältnisse im grossen Ganzen ziemlich die gleichen geblieben.

Die folgende Tabelle enthält im Speziellen die namentliche Aufführung der einzelnen in der obenstehenden Uebersicht in Summa erscheinenden Beobachtungsorte in analoger Gruppirung.

8*

Beobachtungsgebiet	Zahlreich	Mässig
	Beobachtungsort	

Gastropacha pini.

Beobachtungsgebiet	Zahlreich	Mässig
Baden	St. Léon.	—
Elsass-Lothringen	—	Daumen, Hirschkopf.
Hessen	—	Mönchhof, Schwickartshausen.
Preussen	Dippmannsdorf, Eberswalde, Kurwien, Lohhecken, Schönwalde, Woltersdorf.	Alt-Hammer, Cappe, Clötze, Dingken, Eichquast, Friedrichsrode, Ibenhorst, Leszno, Paruschowitz, Proskau, Ratzeburg, Rogelwitz, Rüthnik, Sadlowo, Schirpitz, Zerrin.
Thüringen	—	Mürschnitz.

Liparis monacha.

Beobachtungsgebiet	Zahlreich	Mässig
Baden		Gengenbach, Kenzingen, St. Léon, Messkirch.
Braunschweig	—	Allrode.
Elsass-Lothringen	—	Hirschkopf.
Hessen	Viernheim.	Grebenhain, Greifenhain, Mönchhof.
Preussen	Clötze, Dippmannsdorf, Lintzel. Minden i. W., Proskau, Schönwalde, Torgelow, Woltersdorf.	Dingken, Flörsbach, Friedrichsrode, Leszno, Paruschowitz, Ratzeburg, Rüthnik, Sadlowo, Schirpitz, Wardböhmen, Zerrin.
Thüringen	—	Mürschnitz.
Württemberg	Blaubeuren, Dietenheim, Weissenau.	Heidenheim, Tuttlingen, Zaisersweiher.

Dasychira pudibunda.

Beobachtungsgebiet	Zahlreich	Mässig
Elsass-Lothringen	—	Daumen, Eulenkopf.
Hessen	—	Grebenhain.
Preussen	—	Friedrichsrode, Neuhaus, Rogelwitz, Sadlowo, Zerrin.
Württemberg	—	Zaisersweiher.

Cnethocampa processionea.

Beobachtungsgebiet	Zahlreich	Mässig
Baden	Lahr.	—
Elsass-Lothringen	—	Diebolsheim.
Preussen	Kottwitz.	Lintzel, Zerrin.
Württemberg	—	Bietigheim, Hohenheim, Zaisersweiher.

Beobachtungsgebiet	Zahlreich	Mässig
	Beobachtungsort	

Pissodes notatus.

Beobachtungsgebiet	Zahlreich	Mässig
Braunschweig	Harzburg.	—
Elsass-Lothringen	Urbeis, Walscheid.	Daumen, Hirschkopf.
Hessen	—	Mönchhof, Schwickartshausen.
Preussen	Alt-Hammer, Friedrichsthal, Leszno, Proskau, Rogelwitz, Sadlowo, Woltersdorf, Zerrin.	Carlsberg, Clötze, Paruschowitz, Ratzeburg, Schönwalde, Schoo, Siegburg, Torgelow.
Thüringen	Heyda.	Lehmannsbrük, Mürschnitz, Pöllwitz.
Württemberg	—	Ochsenhausen, Schönmünzach.

Melolontha vulgaris.

Beobachtungsgebiet	Zahlreich	Mässig
Baden	Baden-Baden, Staufen	Eppingen, Ettlingen, Gengenbach, Kenzingen, Lahr, St. Léon, Thiengen.
Braunschweig	—	Allrode, Harzburg, Heimburg, Hessen, Lichtenberg, Marienthal.
Elsass-Lothringen	Banzenheim, St. Peter, Sierck.	Daumen, Diebolsheim, Eulenkopf, Hirschkopf, Lutterbach, Meierei, Metzeral, Porcelette, Rittershofen, Walscheid.
Hessen	Alsfeld, Dorf-Erbach, Gedern, Grebenhain, Greifenhain, Haisterbach, Mönchhof, Viernheim	Blofeld, Finkenloch, Gr.-Umstadt (a), Gr.-Umstadt (b), Hainbach, Heubach, Homberg, Kröckelbach, Ober-Klingen, Schwickartshausen, Wahlen i. Odw.
Preussen	Diez a. L., Dingken, Grammentin, Heisterbacherrott, Kirchberg, Klein-Briesen, Minden i. W., Neu-Sternberg, Paruschowitz, Ratzeburg, Sadlowo, Siegburg, Steinerkrug	Alt-Hammer, Annarode, Aurich, Beurig, Biedenkopf, Broedlauken, Cappe, Clötze, Dietzhausen, Dippmannsdorf, Eichquast, Elzerath, Frankenau, Friedrichsrode, Germerode, Hilders, Hüppelröttchen, Ibenhorst, Kottwitz, Kurwien, Kyllburg, Linz a. Rh., Lohhecken, Mirau, Mirchau, Neuenheerse, Neuhaus, Oliva, Pfeil, Proskau, Reinfeld, Rogelwitz, Rüthnik, Sassenberg, Saupark

Beobachtungsgebiet	Zahlreich	Mässig
	Beobachtungsort	
		b. Springe, Schirpitz, Schön- walde, Schoo, Thomashuus, Wardböhmen, Woltersdorf, Zerrin.
Thüringen	Mürschnitz.	Arnstadt, Erbenhausen, Ernst- thal, Lehmannsbrück, Pöllwitz, Rodacherbrunn, Saalburg, Wei- mar, Weissenburg.
Württemberg	Crailsheim, Geislingen, Hohen- heim, Justingen. Langenau, Zaisersweiher.	Bietigheim. Blaubeuren, Dieten- heim, Heidenheim, Königs- bronn, Neuenstadt, Nieder- stetten, Ochsenhausen, Oehrin- gen, Reutlingen, Weissenau, Winnenden.

Hylobius abietis.

Beobachtungsgebiet	Zahlreich	Mässig
Baden	Gengenbach, St. Léon.	—
Braunschweig	Harzburg.	Allrode, Braunlage, Heimburg, Marienthal.
Elsass-Lothringen	Daumen, Eulenkopf, Porce- lette, Urbeis, Walscheid.	Banzenheim, Hirschkopf, Meierei.
Hessen	Alsfeld.	Mönchhof.
Preussen	Alt-Hammer, Flörsbach, Fran- kenau, Friedrichsthal, Hilders, Kurwien, Leszno, Mirchau, Nesselgrund, Obernkirchen, Oliva, Proskau, Rothebude, Sadlowo, Sassenberg, Torgelow, Ullersdorf, Woltersdorf, Zerrin.	Altmorschen, Braetz, Cappe, Carlsberg, Clötze, Dietzhausen, Dingken, Friedrichsrode, Ger- merode, Hüppelröttchen, Hürt- gen b. D., Ibenhorst, Lahnhof, Landeck, Lohhecken, Minden i. W., Mirau, Paruschowitz, Pfeil, Ratzeburg, Rogelwitz, Rothenfier, Schönwalde, Schoo, Siegburg, Wardböhmen.
Thüringen	Ernsee, Heyda, Lehmanns- brück, Pöllwitz.	Arnstadt, Erbenhausen, Hein- richsruh, Mürschnitz, Rodacher- brunn, Saalburg, Wurzbach.
Württemberg	Altensteig, Ochsenhausen, Tuttlingen.	Bietigheim, Crailsheim, Hohen- heim, Schönmünzach, Zaisers- weiher.

Bostrychus typographus.

Beobachtungsgebiet	Zahlreich	Mässig
Braunschweig	—	Allrode, Braunlage, Harzburg, Heimburg.

Beobachtungsgebiet	Zahlreich	Mässig
	Beobachtungsort	
Elsass-Lothringen	Daumen.	Hirschkopf.
Hessen	—	Mönchhof.
Preussen	Alt-Hammer, Broedlauken, Kurwien, Sadlowo, Steinerkrug.	Carlsberg, Clötze, Dietzhausen, Flörsbach, Friedrichsrode, Friedrichsthal, Germerode, Ibenhorst, Paruschowitz, Pfeil, Proskau, Ratzeburg, Rogelwitz, Rothebude, Saupark bei Springe, Schmiedefeld, Sonnenberg, Ullersdorf, Zerrin.
Thüringen	—	Ernsee, Heinrichsruh, Heyda, Mürschnitz, Pöllwitz, Rodacherbrunn, Saalburg, Wurzbach.
Württemberg	Ochsenhausen.	Schönmünzach, Weissenau.

Hylesinus piniperda.

Beobachtungsgebiet	Zahlreich	Mässig
Baden	—	Lahr.
Braunschweig	—	Marienthal.
Elsass-Lothringen	Daumen.	Hirschkopf, Meierei, Metzeral, Porcelette, Rittershofen, Walscheid.
Hessen	—	Mönchhof, Schwickartshausen.
Preussen	Altmorschen, Clötze, Flörsbach, Ibenhorst, Kirchberg, Kurwien, Leszno, Oliva, Paruschowitz, Proskau, Schirpitz, Siegburg, Torgelow, Ullersdorf, Wolfgang bei Hanau, Woltersdorf.	Alt-Hammer, Braetz, Cappe, Dietzhausen, Eichquast, Eriedrichsthal, Germerode, Hilders, Hüppelröttchen, Hürtgen b. D., Landeck, Lohhecken, Minden i. W., Pfeil, Ratzeburg, Rogelwitz, Rothenfier, Rüthnik, Sadlowo, Zerrin.
Thüringen	Ernsee, Lehmannsbrück.	Arnstadt, Gera, Heyda, Mürschnitz, Pöllwitz, Saalburg.
Württemberg	Hohenheim, Zaisersweiher.	Ochsenhausen, Schönmünzach, Weissenau.